富贵"险"中求

家庭财富风险管理
之资产保全与传承

主　编◎宋晓恒　副主编◎彭　博　柳先涛
编　委◎刘　伟　李　爽　刘毅彬　杨洁涵　刘思彤　边　玥

U0255027

经济管理出版社
ECONOMY & MANAGEMENT PUBLISHING HOUSE

图书在版编目（CIP）数据

富贵"险"中求：家庭财富风险管理之资产保全与传承 / 宋晓恒主编 .—北京：经济管理出版社，2020.9

ISBN 978-7-5096-7539-7

Ⅰ.①富… Ⅱ.①宋… Ⅲ.①家庭财产—财务管理 Ⅳ.① TS976.15

中国版本图书馆 CIP 数据核字（2020）第 165279 号

组稿编辑：丁慧敏
责任编辑：丁慧敏　张莉琼
责任印制：黄章平
责任校对：王淑卿

出版发行：经济管理出版社
　　　　　（北京市海淀区北蜂窝 8 号中雅大厦 A 座 11 层　　100038）
网　　　址：www.E-mp.com.cn
电　　　话：（010）51915602
印　　　刷：唐山昊达印刷有限公司
经　　　销：新华书店
开　　　本：710mm×1000mm/16
印　　　张：11.5
字　　　数：155 千字
版　　　次：2020 年 9 月第 1 版　2020 年 9 月第 1 次印刷
书　　　号：ISBN 978-7-5096-7539-7
定　　　价：58.00 元

要想做好家庭的"财富风险管理"，就要先知道财富的风险来自哪里？

财富守恒定律告诉我们，财富是由收入、支出、资产和负债四个要素构成，那么财富的风险就来自于收入的风险、支出的风险、资产的风险和负债的风险，如图1所示。而这些风险并不是孤立存在的，而是相互联结、动态变化的。也就是说一个项目的变化，往往会牵动其他项目同时发生变化，产生连锁效应，一起影响或者决定财富的最终结果。这个过程可以用财富守恒定律非常直观、形象地进行分析和演绎，这也是本丛书的一大特色。具体如何分析演绎，并用精简的逻辑呈现，后面各篇章会有具体详述。

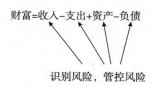

财富=收入-支出+资产-负债

识别风险，管控风险

图1 财富的四个构成要素

聚焦家庭财富三大风险的管理

根据财富守恒定律，收入和支出构成了家庭的"流量财富"，资产和负债构成了家庭的"存量财富"。为便于分析，我们分"流量财富（收入和支出）"和"存量财富（资产和负债）"两大板块来讨论家庭财富风险与管理策略。

流量财富——收入和支出的风险。主要有两种：一是收入损失的风险，二是收支失衡的风险。具体到家庭财富管理实践，需要重点关注健康和养老两大风险的管理。这将是《富贵"险"中求》系列丛书上篇《家庭财富风险管理之健康篇》和中篇《家庭财富风险管理之养老篇》的主要内容。

存量财富（资产—负债）的风险分两大方面：一是资产安全的风险（如何守富），二是资产传承（如何传富）的风险，具体到家庭财富管理实践，我们会将它们结合起来讨论，涵盖投资风险、税务风险、婚姻风险、债务风险、传承风险等方面，统称为家庭资产保全与传承。针对这个范畴风险的认知和管理策略，将是《富贵"险"中求》系列丛书下篇《家庭财富风险管理之资产保全与传承》的主要内容。

本丛书内容的逻辑架构

为了便于读者阅读和学习，《富贵"险"中求之家庭财富风险管理》系列丛书的内容分配架构如图 2 所示。

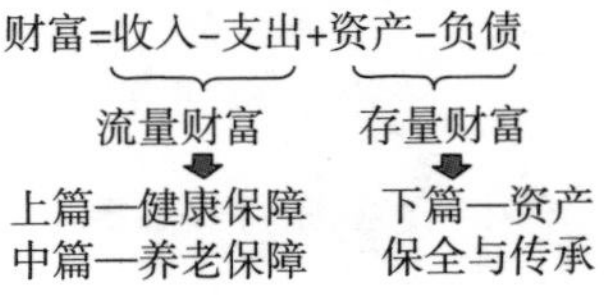

财富=收入–支出+资产–负债

流量财富　　存量财富

上篇—健康保障　　下篇—资产
中篇—养老保障　　保全与传承

图 2　丛书内容分配架构

本丛书分为上、中、下三篇，理论基础皆为第一部分富贵"险"中求，本书为《富贵"险"中求》系列丛书下篇。

目录

第一部分

**富贵"险"
中求**

第一章

幸福人生与财富风险管理

第一节 富人增多，忧虑不少

1978 年改革开放至今已经有 40 多年，我国经济发展迅速，带动民间财富大幅增长、富有群体不断壮大，随之，家庭财富管理上升到新的高度——如何全方位管理并保护好家庭财富，尤其是做好资产的保护与传承，成为时代的主题。

中产群体迅速壮大，担心"不进则退"

2018 年 11 月 23 日，胡润研究院携手投资和资产管理公司金原投资集团联合发布《2018 中国新中产圈层白皮书》(*China New Middle Class Report* 2018)。报告显示，截至 2018 年 8 月，中国大陆中产家庭数量已达 3320 万户，其中新中产家庭数量达 1000 万户以上。这些新中产家庭在常住地至少拥有 1 套房产，有私家车；新中产家庭净资产达 300 万元以上；接受过高等教育；企业白领、金领或是专业性自由职业者；"80 后"是新中产的主力军，其次是"70 后"和"90 后"。

源于对中产身份的焦虑，他们担心从中产阶层跌落，因此渴望通过不断积累财富稳固既有的生活阶层或进入更高的阶层。他们平均拥有 108 万元的可投资金融资产，"如何理财"是他们生活的关注重点。新中产人群投资理财主要以"资产稳健增长"为目的（74%），其次是"资产保值"（23%）。

富裕家庭资产庞大，忧虑"守富传富"

2019 年 10 月 10 日《2019 年胡润百富榜》发布，这是胡润研究院自 1999 年以来连续第 21 次发布"胡润百富榜"。大中华区拥有 600 万元资产的"富裕家庭"数量十年增长 9 倍，他们所持有的财富总量高达 128 万亿元，是国内生产总值（GDP）的 1.3 倍。其中，亿元人民币资产"超高净值家庭"总财富为 77 万亿元，占比达 60%，3000 万美元资产"国际超高净值家庭"总财富为 72 万亿元，占比 56%。伴随着创富一代逐渐步入退休年龄，中国未来 10 年将有 17 万亿元财富传给下一代，未来 20 年将有 39 万亿元财富传给下一代，未来 30 年将有 60 万亿元财富传给下一代。

创业难，守业更难。财富一旦被创造，就面临着各种各样的风险和挑战。放眼长远，财富能否持续保持、传承能否如人所愿，成为中国高净值家庭关注的焦点。值得注意的是，高净值家庭主要由企业家构成，受累于经济减速和产业结构调整，截至 2018 年 12 月 31 日，大中华区千万元资产"高净值家庭"比上年减少 1.5% 至 198 万户，5 年来首次减少；亿元资产"超高净值家庭"比上年减少 4.5% 至 12.7 万户。

来自经济环境的挑战只不过是诸多风险中的一种，除此之外，还会有来自家族成员健康、家族内部关系、企业经营、政策环境、法律合规等一系列风险，任何一种风险的发生都足以让财富丧失殆尽，使幸福蒙上阴影。

简单地说，有钱和幸福，只要有风险存在，二者不能直接画等号。

第二节　幸福人生——独立、自由、无憾

风险是幸福的天敌，风险的存在使人生充满变数，起伏不定。

当人在功成名就、志得意满时往往会觉得大多数风险都不适用于他们，也有些人认为当风险发生的时候，能够及时做出反应，然后采取措施，所以不需要提前规划。但残酷的现实是，一旦遇到风险，有的资产大幅缩水，有的血本无归，有的倾家荡产，近年来这样的故事不胜枚举。

"独立、自由、无憾"方为幸福人生。

独立、自由、无憾的内涵

什么是独立呢？独立，从财富管理的角度来看，就是要能做到"收能抵支，资能抵债，无惧风险"。

什么是自由呢？对于自由而言就是要做到"人身自由，财务自由，精神自由"。自由是有限度的，就是孔子所讲的"从心所欲不逾矩"。企业家自身如果因为触犯刑事犯罪，人身自由没有了，那么最终这个家庭也就失去了自由。

什么是无憾呢？无憾，就是要做到"恩泽子孙，延续梦想，回馈社会"。

任何一个家庭，如果要追求幸福，它的首要工作就是要确保能够实现"独立、自由和无憾"。"独立、自由和无憾"是幸福评价标准，这样的人生何其珍贵！

财富风险管理师的工作主旨

所以对于任何一个认证财富风险管理师[1]而言，其工作主旨必须是"通过财富规划，帮助客户追求独立、自由、无憾的幸福人生"。

---

[1] CFRA 认证财富风险管理师，www.htcfra.com。

第二章

财富有风险，富贵"险"中求

第一节　幸福与否，取决于状态

什么决定着我们是否幸福？其实，幸福与否，关键在于状态。我们可以用图2-1来描述。

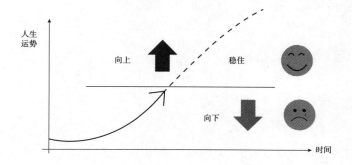

图 2-1　幸福人生

资料来源：《CFRA财富风险管理师认证培训》教材。

用横轴度量人的一辈子，也就是时间轴，用纵轴来度量我们的人生运势，或者叫状态。

人生向上，就是幸福

如果随着时间的推移，我们的人生状态是不断向上的，就是幸福的。比如说，我们的企业做得越来越好；我们的子女越来越孝顺；我们的人脉关系越来越好；支持我们的人越来越多；收入越来越高，财富也越来越多。这些都处在向上的状态，我们就会感到很幸福。

能够稳住，也是幸福

如果做不到向上，那么稳住也是一种幸福。比如说，如果收入不能越来越多，那就稳住收入；如果健康状况不能越来越好，那就稳住这种健康状况，稳得住就是幸福。就像中年人，稳住体重不上升，稳住腰围不增加。稳住就是最大的幸福。

人生向下，幸福不再

如果稳不住，状态往下走，比如降职降薪、经营失败、收入减少、资产缩水、财富丧失、失去健康……幸福感顿时就消失了。所以幸不幸福看的是状态，幸福是一种向上或者稳住的状态。

人生要幸福，财富是基础

我们人生的幸福很大程度上是由财富基础支撑起来的，财富就是实现我们幸福人生目标的工具。比如说，我们想让子女能够接受良好的教育，我们就必须付得起高昂的学费；我们希望拥有一个安享的晚年，我们就需要有能力支付得起高昂的养老费用；我们要支撑一家老小的品质生活，比如有房有车，我们就必须稳住我们的收入。

《孙子兵法》开篇有一句话："兵者，国之大事，死生之地，不可不察也。"说的是军事之重要，事关国家的生死存亡；同样地，财富对于家庭的重要性，可以这么说："财者，家之大事，死生之地，不可不察也。"

第二节　无处不在的"熵定律"

既然财富是幸福的基础，请您思考一个简单的问题，财富"向上"更容易，还是"向下"更容易？说得更具体一点，财富"得""失""成""败"哪个更容易？相信大家已知道答案。

为什么失去与失败更容易？因为万事万物必然会遵循一条定律即"熵定律"，它统治着宇宙，决定着万物最终的命运，是整个宇宙最大的定律，所以爱因斯坦称其为科学定律之最！

何为"熵定律"

如何去理解"熵定律"呢？我们不妨用生活中一个常见现象——杯子摔碎的过程来解释。要得到一个杯子是非常难的，不知道要经过多少人的努力才能设计出来，不知道杯子要经过多少道工序才能够生产出来，不知道杯子经过多少道流程才能检测合格出厂，也不知道杯子要经过多少次的物流才能送到我们手中。所以说，得到一个杯子需要很多人合作，付出多倍的努力，是非常不容易的。但是，要想摔碎一个杯子，只需要一次不小心，毁灭就会自动完成，杯子瞬间会碎成千片万片，且想要修复或恢复完好几乎是不可能的。杯子经历的这个过程，完美地展示了这个可怕的定律——"毁掉容易成就难，一旦毁掉难复原"，这就是

"熵定律"。

不仅杯子是这样,万事万物都遵循着同样的规律。例如,2019 年发生了一件令世人悲痛的事情,"巴黎圣母院"被一把火毁掉了,"巴黎圣母院"巧夺天工,是人类的杰作,是无比珍贵的财富。它不仅属于巴黎人民,也属于世界人民。"巴黎圣母院"是无数能工巧匠花费了 150 多年时间才建成的,但是毁掉它只需一把火,恢复重建有多难先不说,即使重建了也不再是历史上那个巴黎圣母院了。

"熵定律"主导的毁灭,每天都在发生。

风险魔咒——"100-1=0"

财富也不例外,这就是为什么财富下(失去)比上(创造)更容易。

从"熵定律"出发,财富和风险的关系最直观地表述为"100-1=0"。"100"代表的是财富,"1"代表的是风险。也就是说,一次风险发生,就可以让所有财富归零,我们称之为"风险魔咒"。

风险魔咒告诉我们,要想保住财富这个"100",必须把风险这个"1"识别出来并管理好,因为一旦"1"发生,"100"马上就没有了,这是本丛书的核心观点。

第三节 富贵"险"中求的具体概念

一句话道尽财富管理:富贵"险"中求!富贵"险"中求的具体概念,如图 2-2 所示。

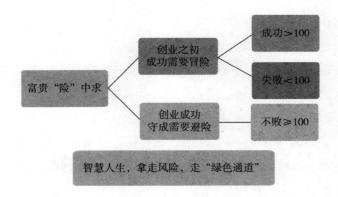

图 2-2 富贵"险"中求的具体概念

创业之初，成功需要冒险

创业之初，事业起步阶段，我们通常需要冒一定的风险才会有成功的可能。假设我们的原始财富是 100 元，我们冒险拿它去投资，如果成功了，我们就会得到更多的财富，结果就会大于 100 元；如果失败了，我们的财富就会缩水，结果就会小于 100 元，甚至血本无归。这个"险"就是传统意义上"冒险"的概念，如果不冒一定的风险，就不会成功。

在财富管理中，我们做的很多的投资也是这个概念，投资要想获得好的收益，往往也是需要冒险的，冒险成功了，就赚钱；但是如果冒险失败，就会赔钱。

然而，很多高端家庭成也"冒险"，败也"冒险"。从事业初创期到事业成长和收获期一直在冒险，对如何避险缺乏周详的考虑和准备，结果一不小心，就有可能会回到原点。

创业成功，守成需要避险

"熵定律"告诉我们，失败比成功容易千倍。对于已经有了一定财富积累的中高端家庭而言，一旦冒险失败，就很难复原。很显然，对他们来说通过有效的"避险"守护财富要比通过"冒险"创造更多财富来得更为重要。只要能有效地规避风险，尽管财富增长速度较慢，但能够守住并保证不败就是成功。

对一个理性的人来讲，用 100 元去投资赚到 20 元所带来的满足感，和失去 20 元所带来的痛苦感相比，痛苦感要远远大于满足感。这就是为什么很多高净值家庭把安全放在第一位，宁愿选择避险，也不愿意再去冒险。①

风险是幸福最大的敌人。所以智慧人生的一个很重要的表现，就是要学会风险管理，预先"看到"风险，进而有效管理风险，才能保证财富立于不败之地。那么"风险"这个敌人有什么特点呢？

---

① 招商银行与贝恩公司《2019中国私人财富报告》2009~2019 年中国高净值人群财富目标对比。

第三章

风险管理与财富守恒定律

只有深入认识风险的特性，才能更好地了解什么是风险管理，以及如何做好风险管理。

第一节　风险的五大特征

风险的必然性

必然性包括两点。第一，风险的存在是必然的，它不以人的主观意志为转移。你可以思考一下，地球上每天发生多少风险？人一生又会遇到多少风险？第二，风险一旦发生，造成损失是必然的。

风险的随机性

什么时间、以什么方式、发生在谁身上，完全是不确定的。风险具有随机性，随机性很容易让人产生侥幸心理，以为自己没那么倒霉，所以平时不管不顾，但有时候风险可能偏偏就发生在他们身上。

风险的无形性

风险无形，人的感官很难感知到它的存在。这才是风险最危险的特点，它在暗处我们在明处，它要偷袭我们，我们却感觉不到，也就无从防范。一旦发生就会手足无措，甚至造成严重伤害。

风险的连环性

风险不是孤立存在的，一个风险发生，往往会引发一连串风险，就如同多米诺骨牌引发的连锁效应，最终给人造成巨大的伤害和损失。古人用一个成语来形容，叫作"祸不单行"，所以抵御风险的关键在于能否把它扼杀在萌芽状态，止住向下一步蔓延的脚步。

风险的不可逆性

风险一旦发生，就会造成伤害、带来损失，要想恢复到完好如初的状态是很难的，甚至是不可能的。

对于风险的五大特性，我们可以通过病毒的暴发进行深入的了解。病毒在大自然中一直是存在的（必然性），只是它什么时间、发生在何处完全是不确定的。人的感官无法感觉到病毒的存在（无形性），开始时很难对它做有效的防范，所以最初有部分医务人员感染，并且在人群中快速扩散，慢慢地随着病例开始大量增加，人们感觉到了它的危险性，于是马上启动了防御机制，但随着病毒的迅速蔓延，这时候防御工作开始全面、全方位升级，从这一刻开始，已经从一个健康风险，迅速形成了对整个社会、生活和经济的全方位冲击。在病毒蔓延的过程中，有多少人失去生命，多少人落下残疾，多少企业关门倒闭，多少人失去工作，多少家庭财富缩水，等等。这些伤害和损失，有些根本无法挽回，有些要经过长时间才能恢复（不可逆性）。

风险引发事故，酿成一出又一出的悲剧。我们有理由憎恨风险，但是却不该把酿成悲剧的责任全部归罪于风险。俗话说"一只巴掌拍不响"，因为所有事故的发生，风险只是外因；外因如果没有内因的配合，就不会发生事故，也就不会有悲剧的出现，那什么是内因？内因就是面对风险时，人自身存在的三大致命弱点。

第二节　风险面前人的三大致命弱点

长于趋利，而短于避害

现实中存在的利与害、吉与凶、得与失、成与败等这些相对的力量，共同决定了我们人生事业的最终走向。

为什么人往往"长于趋利、短于避害"呢？首先，我们从小到大的学习，90% 的内容都是关于将来如何考个好成绩、找个好工作；长大以后，90% 的时间都花费在学习如何努力赚钱、追求成功等这些对自己有利的事情上，相比较之下，在如何防止失败、应对风险方面所花费的时间、所经历的练习、所做的思考却少之又少，这种成长方式和人生阅历，决定了我们绝大多数人在应对风险方面都是"业余选手"，因而绝大多数人不管是在能力上还是思维方式上都更"长于趋利"，而"短于避害"。

结合正反两方面案例，我们分别来看一下。

案例一

投资失败，众明星如何折戟

歌手张××近年来的疯狂巡演拥有很多"粉丝"，但是随着年龄的增长，这种工作模式确实在透支身体，张××如此拼命的原因就在于他投资的公司破产，其多年的储蓄赔光。

演员刘×在娱乐圈的人缘很好，这几年事业发展得很好，赚钱能力很强。刘×很拼命的一个很重要的原因，据说是投资某平台亏了6000多万元。

案例二

持久成功，基于不败

李××在90岁退休的时候，他总结自己的一生时提到自己做生意60多年，却没有一年亏过钱。相信很多人都做过生意，做生意一年两年不亏钱很容易，八年十年不亏钱也不太难，二三十年不亏钱那就比较难了，四五十年不亏钱难得一见，一个甲子不亏钱，估计这个世界上也找不到几个。

李××为什么能够做到这一点呢？李××用他自己的话来讲，他用90%的时间考虑失败。用90%的时间考虑失败，也就意味着把所有可能导致失败的状况都考虑到了，做好了布局，所以他就没有机会遇到失败，这才是李××60年从不亏钱、持久成功的关键。相比之下，很多人做投资的时候是不是宁可花90%的时间去谋划如何成功，却很少在行动之前花大量时间去考虑什么会导致失败以及该如何防范。把时间花在哪里，决定了结果的不同。

永远不要忘记，"100−1=0"的风险魔咒，失败比成功来得更快速、容易。李××的成功哲学启示我们，要想持久成功，必须补齐如何控制风险、防止失败这块"短板"。在趋吉（利）的同时，一定先做好避凶（害）的布局，这恰恰是多数人忽略的，所以才会说，人们更"长于趋利"，而"短于避害"。

行为由感知主导 VS. 风险无形

前文提到风险是无形的，而人的行为主要受感知驱使。因为风险无形，所以我们的感官难以感知，叫作无感；因为无感，所以我们就不会采取行动，对它进行防备，叫作无备；因为无备，所以风险一来，只能任凭它肆虐，最终我们只剩下无奈。理解这一点，我们才会懂得，应对风险不能靠感觉，而要靠理性的智慧，才能"预先看到"平常人看不到的风险，从而提前做好防范。

应对风险的无形，古人的智慧

司马相如在《谏畋猎疏》曾言"明者远见于未萌，智者避祸于无形；祸因多藏于隐微，而发之于人所忽。"他所讲的核心观点就是发现风险却难以管理风险。风险管理的第一步就是风险识别，只有发现风险才能管理好风险，只有管理好风险，才有幸福人生。

华为——预见风险，逃过一劫

华为拥有一批时刻警惕的领导团队。华为的 Logo 最初是 15 个花瓣，代表了 15 位创始人，后来创始人陆续出走，只剩下了 8 位，2006 年，华为的 Logo 改成 8 个花瓣，如图 3-1 所示。[1]

| 1987~2006 | 2006~2018 | 2018年3月至今 |

图 3-1　华为 Logo 的变化

在 1998 年，任正非就向华为的管理团队发出"华为的红旗还

---

① 华为"菊花"Logo 的由来，详见 https://baijiahao.baidu.com/s？id=1621709216189360478。

能打多久"的质问，正是在这样强烈的风险意识下，居安思危，通过自我质询预见风险，才有了后来的"备胎计划"，能够从容应对来自外界的竞争，真正做到了有备无患。

关键结构的单一性 VS. 单一即脆弱

我们常说"物以稀为贵"，也就是说东西越稀缺，价格就越贵，孤品最贵（因为只有一个），这是从经济学角度来看的。但是，从风险管理的角度来看，有些我们赖以生存的至关重要的东西，也只有一个，这非但不是好事，反而是巨大的威胁。例如，我们只有一颗心脏；收入只有一种来源；我们只会一种工作；大部分财富放在一个地方；等等。单一的结构一旦被摧毁，就无法复原，"一旦中招，在劫难逃"，结果往往都是致命的。

这样的"单一结构"在现实中非常普遍，比如家庭主要靠一个人赚钱、收入来源于唯一的工作、财富集中于唯一的企业、家庭只有唯一的房子、人的健康和生命也只有一次，等等。家庭投资中，资产过于单一的情况也非常常见，比如很多人投资只买房子、只买理财、只做股票，等等。

单一即脆弱。没有风险发生的时候，这些结构也能够很好地承载一个家庭的幸福，一旦单一结构受到冲击，因为单一而没有备份，一旦失去就无法复制，一旦毁灭则难以复原，就会给家庭带来致命打击。

最脆弱的单一结构：一切依赖生命，而生命只有一次。

2016 年某知名企业 CEO 张 × 心梗离世。其意外去世，引发了一片震惊和叹息。当时，其妻子的悼文，更是令人心酸。"我嫁给你的时候，你无车，无房，无存款。现在你离开了，你还是没给我买过车，买过房，你也没有保险，没有理财，我们甚至没有时间和精力养育一个孩子，你去追梦不要停，我在人间照顾爹娘。""我曾对未来有过许多悲观的假设，如果公司破产了我怎么办；如果中层管理团队被全部挖了墙脚怎么办……我给每一种不幸都准备了预案，可是我从来不曾想过这种意外。就像你曾经对我说过'人生比小说精彩'！"

相信很多人看完都很感动，故事的女主人公并不缺乏风险意识，因为她做过许多悲观的假设，但她忽略了人本身也有风险。一切都依赖生命，而生命只有一次。这个最重要的单一结构被摧毁了，一切随之都失去了。

第三节　财富风险管理与财富守恒定律

不要计算风险发生的概率，而要计算风险发生的后果

很多人都坐过飞机，也知道飞机是这个世界上最安全的交通工具之一，虽然飞机失事的概率很低，但是航空公司的风险防范却是极其严格的。到机场之后，在登上飞机之前，要经过多道安检防范程序。登上飞机后，空姐还会反复提醒乘客，"氧气面罩在上边，救生衣在下面"。尽管飞机失事的概率极低，但是飞机一旦失事，后果不堪设想，所以要向航空公司学习，不计算风险发生的概率，而计算风险发生的后果。

对于关键的单一结构，要力求备份

生命对于每一个人都只有一次，它的单一性比财富的单一性要更高，所以对于生命的备份，就变得极为重要。每个人都要为自己的生命做备份，生命如何备份，在本系列丛书第二部《富贵"险"

中求——家庭健康风险与管理策略》中会有详细论述。

居安思危：预则立，不预则废

防御风险的智慧，中国古代有两句话体现得淋漓尽致：

"凡事预则立，不预则废。"——《礼记·中庸》
"居安思危，思则有备，有备无患。"——《左传》

对于风险，虽然感受不到它的存在，但知道它是必然存在的，所以在你幸福平安的时候，就要常做万一遭遇危机和不幸的思考，"预见"风险如何发生以及可能造成的影响，进而做好充分防御的准备，这样，等它真的来的时候，就能够从容应对，即使有失也可挽回，保持家庭财富和幸福的稳定，而不至于崩溃。

财富守恒定律

财富是由收入、支出、资产、负债四个项目共同构成的，是既相互联系，又彼此制约的统一的整体。

不管是小康之家还是大富之家，甚至是首富之家，任何一个家庭的财富都是由收入、支出、资产和负债四个部分共同构成的（见图 3-2）。

那么财富和四个项目之间是什么关系呢？在这里，我们要引入一个重要的概念："财富守恒定律"，它是贯穿《富贵"险"中求》系列丛书的核心理念。财富和四个项目之间的关系，我们可以用一个简单的公式来呈现，即财富 = 收入 – 支出 + 资产 – 负债。

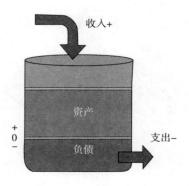

图 3-2　财富构成

收入、支出、资产、负债与财富的内在关系，在《大学》中有提到："生财有大道，生之者众，食之者寡，为之者疾，用之者舒，则财恒足矣。"如何理解呢？财，即财富；恒，即守恒。合在一起，即为"财富守恒"。要做到财富守恒，就要做到"生之者众，食之者寡，为之者疾，用之者舒"。所谓"生之者众"是指赚钱要多；"食之者寡"是指花钱要少，要有所节制；"为之者疾"是指赚钱要快；"用之者舒"是指花钱要慢。这几点都做到了，就能做到财富守恒，家庭财富就可持续。

引申一下，一个家庭如果"赚得多，花的少"，那么资产就会增加；如果"赚得少，花得多"，负债就会增加。以上，就是财富守恒定律的基本内涵。

第四章

收支平衡乃财富之本

针对"流量财富",如图 4-1 所示,它们蕴含哪些风险?这些风险会带来哪些后果?又该选择什么样的策略来进行管理?

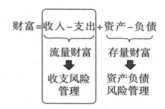

图 4-1　收支平衡乃财富之本

第一节　一生的挑战:保持收支平衡

"人生要幸福,财富是基础。"那么,财富基础最根本的、最核心的是什么呢?就是保持一生的收支平衡。说得更直白一点,就是到任何时候,钱都要够花。这一点,说得容易做到难;或者说一时做到很容易,一世做到那可不容易!

如果我们把一生的收入和支出做个对比,会发现它们如同性格脾气、长处短处、人生轨迹截然不同的两个人,二者存在巨大的反差,如图 4-2 所示。

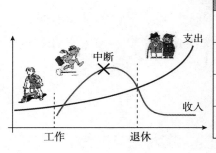

	支出	收入
持续终身	贯穿一生 天天不断	两头不赚 中间怕断
刚性递增	不断上涨 易升难降	难保总升 老了大降
意外支出	马上急需 花费猛增	原地不动 巨降归零
随意支出	花钱全天候 一冲动翻倍	辛苦八小时 钱到手有数

图4-2　一生收入与支出对比

从全生命周期的角度来看，人的一生，收入和支出相比到底有多大不同呢？

（1）支出是持续终身的。人从一出生，直到最后一天，每天都花钱，活多久钱花多久，一天都不能断。就收入而言，没有人一出生就能赚钱，能赚钱了，也无法保证活着就赚钱，直到终身，永不中断。

（2）支出是刚性递增的。一生支出会不断上涨，并且涨上去容易，降下来难。为什么？因为我们追求生活品质不断提升，物价也会不断上涨。但收入呢？谁能保证自己一生收入只升不降，特别是退休以后。

（3）人生会有意外性支出，却难有意外性收入。人生无常，万一有意外，就要花一大笔钱，而且往往就是急用，不管你有没有准备好。但收入呢？你会有多少机会一不小心赚一大笔钱？通常，意外支出来临的时候，收入停在原地不动都是运气好的，大打折扣，甚至完全丧失的大有人在。

（4）支出可以随意，收入很难随意。人要花钱，只需要一个念头、一次冲动，动动手指就完成了。但收入呢？一个念头、一冲动，动动手指钱难道就来了？基本不可能。并且，现在有了网上购物、手机支付，花钱可以全天候，没钱还可以随便借，支出要想翻倍太容易了，可收入要想翻倍却很难。

通过以上 4 点比较，得出以下结论。人一生"支出太强势，收入太弱势"。如果我们把收入和支出比作两个人，让他们来一场PK，不做任何干预的话，支出必然完胜收入。

第二节　收支平衡的原则：收入为本，双向并举

收支平衡，收入为本

保证收支平衡，收入风险的管理是重中之重。这不仅因为收入"太弱势"，更是因为现实中绝大多数家庭并非高净值（俗称富豪）家庭，对他们而言，收入是幸福的命脉——生活品质、偿还债务、财富积累都高度依赖一份稳定的收入，一旦失去收入，很快就会耗尽储蓄，失去偿还债务（比如房贷按揭）的能力，进而资产（如房子、车子）也很难保得住，最终生活品质必然出现断崖式下降，这是很多家庭都无法承受的。而有了稳定的收入，才能平衡支出，偿还债务，保住资产，幸福生活才得以持续。

这就是为什么我们强调家庭收支平衡风险的管理要"以收入为本"。

兼顾收支，双向并举

在收入为本的基础上，还要合理管理支出，兼顾收支，双向并举，在此基础上实现持久的收支平衡。

（1）对于收入：①要设法保住，保障收入的可持续性；②要设法扩充，力争实现收入多元化；③要进行备份，万一中断能马上补

位，快速恢复收支平衡。

（2）对于支出：①要准确预见，以便充分的准备；②要合理控制，防止它过度膨胀；③要居安思危，万一出现意外性的大额支出，要有办法对冲。

第三节　收入来源不同，管理各有侧重

按照获取的方式，收入分为以下两种。

第一，"工作性收入"——大多数家庭收入以它为主，也就是我们通常说的普通家庭，主要靠人赚钱。对于这类家庭，要把最常见的两类风险作为管理的重点，一是健康风险（含身故），由疾病、意外这类偶然风险引发的收入丧失、支出猛增的收支失衡，这是本书要重点讨论的内容；二是养老风险，由于年老收入丧失或退休后收入下降引发的收支失衡，这是《富贵"险"中求》系列丛书中篇《家庭财富风险管理之养老篇》重点讨论的内容。

第二，"资产性收入"——少部分家庭收入以它为主，这就是通常所说的高净值家庭，这类家庭主要依靠钱生钱。对于这部分家庭，要把资产的保护与传承作为财富管理的重点，资产保住了，传承好了，收支平衡自然也就不成问题。这些家庭如何做好风险管理，放在本系列丛书下篇《家庭财富风险管理之资产保全与传承篇》中讨论。

第二部分

家庭守富
风险管理

第五章

高净值家庭资产缩水

2019 年 2 月 26 日，胡润研究院发布《2019 胡润全球富豪榜》，来自 67 个国家、1931 家公司的 2470 名 10 亿美元富豪上榜，比 2018 年减少了 224 位。跌出 10 亿美元富豪榜的中国人数最多，有 212 位；印度其次，有 52 位。

高净值人士财富减少最快的地区是亚太区域，该地区高净值群体的财富减少了 1 万亿美元，相当于缩水了 5%，拉丁美洲高净值群体的财富下降了 4%，欧洲也减少了 3%，北美则为 1%。

第一节　高净值家庭及资产构成

对于高净值人士的定义，全球逐步趋于一致，惯常采用的是投资百科（Investopedia）中的定义，拥有大约 100 万美元的流动金融资产称为高净值（HNWI），少于 100 万美元但是超过 10 万美元被认为是"中高净值"（sub-HNWI），超过 500 万美元会被称为"非常高净值"（very HNWI），超过 3000 万美元为"超级高净值"（ultra HNWI）[①]。

由此可见，高净值人士的标准是用资产中的可投资资产衡量

---

① 资料来源：https://www.investopedia.com/terms/h/hnwi.asp 。

的。鉴于 2018~2019 年，全球高净值人士的数量和可投资资产规模出现了双降态势，资产和负债的风险管理日益显得重要。

在中国，高净值的界定标准指的是私人可投资资产≥1000 万元，招商银行和贝恩公司共同发布的《2019 中国私人财富报告》显示，2019 年底中国高净值人士预计可达 220 万人，共持有可投资资产约 70 万亿元人民币，人均可投资资产约 3180 万元。

中国的高净值人士主要来源于高资产家庭，对于一个典型的高净值家庭来讲，它主要拥有哪些资产呢？

第一类资产是企业，企业在总资产中占比很高，大多数高净值家庭都拥有家族企业。

第二类资产是不动产，特别是房地产在家庭资产中的占比相对较高。

第三类资产是金融资产，包含家庭的人民币存款、外币存款，也包括家庭所做的银行理财、信托理财、保险理财等各种理财产品，以及外币理财、美股、港股、新加坡股为代表的海外金融投资。

第四类资产是其他资产，就是不能归到前三类的其他资产，比如黄金、艺术品、股权投资等。

第二节　存量财富与真实财富

用家庭资产减掉家庭负债，就得到了家庭的净资产，家庭净资产所构成的家庭财富其实只是家庭的存量财富，而不是家庭的真实财富。

为什么说它不是家庭的真实财富呢？佛经当中有这样一句话"一家财富，五家共有，曰'王、贼、水、火、非爱子'"。"王"指的是政府的税收，真实财富必须是税后财富。"贼"原意指的是小偷，引申为一切惦记我们钱的人。"水"和"火"比较容易理解，指的是外部的自然灾害，"非爱子"指的就是不肖子孙。这么看来，一个家庭的存量财富还不是这个家庭的真正财富。

图4-1　家庭真实财富

所以我经常讲一个家庭的存量财富并不是这个家庭的真实财富，只有把隐藏在存量财富中的风险识别出来，并且管理好，存量财富才能转化为家庭的真实财富（见图4-1）。家庭的真实财富才是家庭安全感的基石，是实现自由选择和财富自由的关键。

要识别和管理存量财富的风险，我们首先要清楚存量财富到底有哪些风险。笔者研究家庭财富管理近20年的时间，接触了太多家庭兴衰的案例，总结下来，主要体现在以下五个方面：

（1）企业经营风险；

（2）家庭税务风险；

（3）家庭婚姻风险；

（4）家庭债务风险；

（5）家庭继承风险。

前四个风险可以称为"守富风险"，核心在于如何保障财富安全，第五个风险是"传富风险"，核心是按财富持有人的意愿，控制好传承的节奏和方法，选择适当的传承工具，实现恩泽子孙、回馈社会的传承目标。

第六章

家庭守富风险与管理策略

如何守富，保障财富的安全，并不只是富人需要考虑的事情，它与每个人都息息相关，在现实生活中，有太多的"妖魔鬼怪"会吞噬我们的财富，导致家庭财富的缩水甚至完全丧失。

第一节　企业经营风险管理

首先，我们来看企业经营的风险。

前文提到过，中国多数高净值家庭都拥有家族企业，他们靠企业发家，并且企业在家族财富中占有相当高的比重。所以，企业经营的好坏、成败，直接关系到家族财富的多少。对于高净值家庭而言，如何应对、规避企业经营风险对家庭财富的冲击，是财富风险管理的重中之重。

说到企业风险管理，在中国的这些企业当中，不得不佩服华为的生存之道，给大家推荐一本书——《华为的冬天》，在书中任正非先生有一句话说得特别好，"企业生存的秘诀，不但在于冒险，更在于避险。企业发展的秘诀就是要在冬天谈春天的温暖，春天谈冬天的寒冷"。这正是华为的成功之处，非常值得我们学习。那么，对于企业经营具有普遍意义、通常会遭遇的风险有哪些呢？

产业"洗牌"

我们正处在一个巨变的时代，就像习近平主席所提到的"百年未有之大变局"，产业"洗牌"的压力主要来自以下六个方面：

- 新兴技术革命
- 经济结构调整
- 政策法制变化
- 国际政经环境
- 客群更新换代
- 不可抗力事件

产业"洗牌"的结果，对于没有做好风险管理的企业可能就会跟不上社会发展节奏，被迫出局，最终导致拥有这些企业的家庭财富丧失。

比如，技术革命所带来的产业"洗牌"淘汰了诺基亚。

诺基亚手机代表了过去的一段传奇。谈到诺基亚手机，相信很多人都使用过，给不少人留下了非常美好的记忆。不得不承认的是，当时处在手机霸主地位的诺基亚确实带给了我们太多的惊喜，手机质量过硬，塞班系统也非常好用，很多人都以拥有一部诺基亚手机感到骄傲。但是，随着以苹果为代表的新一代智能手机技术的崛起，诺基亚拥有的质量过硬、口碑很好、客群庞大的三大优势很快被摧毁得一干二净。陶醉于过去成功的诺基亚，对手机的未来产生了严重的误判，坚持做塞班系统而错失了手机系统变革的机会；一旦错过，便没有机会从头再来，结果便是万劫不复。

诺基亚的例子告诉我们，哪怕你是再优秀的企业，在产业"洗牌"面前，都可能导致严重的经营风险。企业资产是弹性资产，企业经营状况好的时候资产是赚钱的工具，经营状况不好的时候是烧钱的工具，一直烧到企业破产。如果家庭资产过度集中于企业，家庭的命运，也将随着企业的命运浮沉。

所以，企业适合用来赚钱，却不适合用来存储钱。现实生活中，因为一次经营失败而导致倾家荡产者比比皆是。所以给大家一个建议——企业创业成功，开始有了持续的收入来源之后，就要将经营利润按一定比例分流，将归属企业的有很大波动性的弹性资产，逐渐转变成安全可控的刚性资产，落袋为安，隔离企业风险，锁定创富成果。

比如说我们大家非常熟悉的国美电器，国美电器创业成功以后，杜鹃给老公黄光裕立了个规矩，国美电器每年 3% 的净利润，必须回流到家庭。后来黄光裕因为触犯刑法被判入狱，国美电器遭到挤兑险些破产，杜鹃正是靠这些每年回流的 3% 的利润为企业融资输血，成功渡过了危机。

能力缺位

企业是非常典型的主动型资产，靠能力驱动，即企业运转就赚钱，企业一旦停摆，不仅没了收入，企业自身也不再值钱。也就是说，能力一旦失去，就没有办法去驱动企业这部赚钱的机器。

而能力终有不再的一天，比如说突发的人生风险，知识结构的老化，自然而然的衰老过程，没有接班人等情形。

前首富王健林就曾公开表达过自己的担忧[1]，"我最怕八九十岁，我糊涂了，不会挣钱了，需要花钱的时候，企业没了怎么办？你看好多企业干、干、干，干得挺好的，一下子，一个调整，一个转型就没了。"曾经的重庆首富尹明善[2]，力帆集团的董事长，80 多岁的老爷子，企业困难重重，负债累累，干不动了，白发苍苍，却没人接班，看着都心疼。

---

[1] 资料来源：http://v.pptv.com/show/5ln0eibNJufda2EA.html。

[2] 尹明善的艰难时刻，http：//finance.stockstar.com/JC2018100800001274.shtm。

面对这种风险，我们该怎么办呢？企业属于主动型资产，你必须得做，你不做就停摆，操心费力，变数很大；而且不易接盘，想把企业传承给下一代非常困难——有没有合适的人、他／她有没有这个意愿、有没有能力接班，都是非常现实又常见的问题。所以从长远考虑，企业家要考虑，如何将企业这种主动型资产慢慢转变成优质的被动型资产。所谓优质被动型资产，具有"不用你做，无须操心，高度安全，被动收入，容易接盘，传承便捷"的特点，比如配置家族保险和家族信托。

这么做的目的，一是锁定财富，防止企业失败；二是为自己的退休布局，老了干不动了，也能有稳定的收入来源，不用再为钱操心费力；三是为财富传承做准备，传企业很难、失败的概率很高；传"被动资产"就容易得多也靠谱得多。所以说，对于拥有家族企业的高净值人士，如果有可能的话一定要尽早开始接班人培养计划，最好提前十年启动，以应对可能的变数；更重要的是，要趁着企业还比较稳定的时候，及早做出安排，变主动型资产为优质被动型资产，锁定未来、预存幸福。

经济危机

自 1825 年英国第一次发生经济危机以来，经济危机一直在周期性地上演，危机与危机之间的间隔表现了一定的规律性，差不多每隔十年左右就要发生一次这样的经济危机。19 世纪发生经济危机的年份是 1836 年、1847 年、1857 年、1866 年、1873 年、1882 年、1890 年、1900 年。进入 20 世纪后，在第二次世界大战之前发生经济危机的年份是 1907 年、1914 年、1921 年、1929~1933 年、1937~1938 年，差不多每隔七八年就发生一次。第二次世界大战后各国又发生了次数不等的经济危机，其中 1957~1958 年、1973~1975 年和 1980~1982 年的经济危机表现了明显的国际同期性。①

20 世纪 80 年代以后，经济危机越来越多地让位于金融危机，原因是随着经济全球化程度的加深，服务于实体经济的金融市场不断完善，并创设了纷繁复杂的金融工具；特别是随着衍生金融工具的发展，金融体系越来越脱离实体经济独自运行，整个世界经济也越来越脱实向虚，而金融这条纽带又将世界经济紧紧链接在一起。随着金融一体化程度的加深，哪怕实体经济并未出现真正的问题，但是经过金融系统的放大，最终都可能酿成全球金融危机。让我们印象深刻的有以下几个例子：

1987 年席卷全球股市的黑色星期一，因为不断恶化的经济预期和中东局势的不断紧张，道琼斯工业股票平均指数骤跌 508 点，下跌幅度 22%，一天内跌去的股票价值总额令人目瞪口呆，是 1929 年华尔街大崩溃时跌去价值总额的两倍。混乱中价值超过 6 亿美元的股票被抛售。

1998 年东南亚金融危机，范围波及日本、韩国、中国香港、东南亚诸国和地区等。20 世纪 90 年代东南亚国家经济发展迅速，国际热钱涌入，90 年代后期经济放缓，经济预期恶化，这些热钱迅速撤离，导致经济迅速崩塌。同时国际金融炒家恶意狙击货币，导致这些国家货币迅速贬值，引起世界范围内的货币抛售，除了中国香港外，其余地方均受到严重影响，其中以韩国、泰国最为严重，甚至达到其货币几成废纸的地步。

2008 年的美国次贷危机，并不是美国经济真出了问题，缘起只是美国穷人还不起房贷，导致次级债券风险爆发，风险通过金融系统层层放大，雷曼兄弟申请破产保护、美林"委身"美银、AIG告急等一系列突如其来的"变故"使得世界各国都为美国金融危机而震惊。华尔街对金融衍生产品的"滥用"和对次贷危机的估计不

---

① 360 百科，经济危机，https://baike.so.com/doc/3546372-3729874.html。

足终酿苦果。此次金融危机迅速引发多米诺骨牌效应，世界各国特别是发展中国家经济基础遭到重创，堪比 1929 年罗斯福执政时期的经济大崩溃。

2020 年 3 月，受新冠疫情冲击，美国股市空前大崩溃，不到 10 天时间四次熔断，一个月时间抹平了特朗普执政四年期间的万点涨幅，全球金融市场、石油市场大幅波动，一时间人人自危、大危机的预言四起……

经济危机一旦发生，商品滞销，利润减少，产能急剧下降，企业开工不足、资金链断裂并大批倒闭，失业人数大量增加，生产力遭到严重的破坏和损失，社会经济陷入瘫痪、混乱和倒退状态，个人和家庭也会面临重创。

以 2008 年次贷危机为例，金融危机导致 150 万个富豪破产，千万美元的超级富豪减少尤其明显，主要是受累于股市的暴跌，富豪财富平均缩水 20%。[1] 四年后的 2012 年，美联储的报告显示，美国家庭财富平均缩水四成，一夜之间回到 1992 年水平。受经济危机的影响，日本超过六成家庭感到生活困苦[2]，欧洲 1.46 亿人陷入贫困[3]，世界经济减速令 10 亿人返贫[4]。

财富守恒定律可以帮助我们理解经济危机是如何吞噬财富的。危机一旦发生，很多行业陷入萧条，钱就不好赚，收入就会显著下降甚至完全消失，但很多支出是刚性的，比如生活开支、债务按揭还款等，所以，很快就会出现收不抵支。此时，如果家庭储备有足

① 金融危机一年消灭150万富豪，http://finance.sina.com.cn/roll/20090627/02116407473.shtml。

② 环球时报：日本超六成家庭感到生活困苦，https://www.acfun.cn/a/ac2004656。

③ 英国乐施会报告：欧洲 1.46 亿人将陷入贫困，http://world.cankaoxiaoxi.com/2013/0913/271663.shtml。

④ 英媒：世界经济减速或令十亿人返贫，http://news.163.com/14/0415/10/9PS7F81A00014JB5.html。

够的现金资产，就不会有太大问题；但是多数家庭的储蓄不够，要么将现钱购买了房产、投资股票基金等金融资产，或者投资于企业。所以，要解燃眉之急只剩下两个选择：要么将资产变现，要么增加负债，但是危机期间资产往往大幅贬值或者出售困难。此时，由于整个市场缺乏流动性，无论向金融机构还是向私人借钱，大家都会非常慎重，所以借钱也是困难重重。更何况，进入 21 世纪以来，整个世界的债务飙升，很多家庭之前的债务已经够高的了，一旦资产缩水，很快就会陷入资不抵债的境地。一边是收不抵支，一边是资不抵债，很多家庭的财富就是这么崩溃的。体现在财富守恒定律上，如图 5-1 所示：

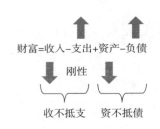

图 5-1　家庭破产

从图 5-1 中我们不难发现，经济危机会导致财富构成的四个组成部分同时向反向变动，收入减少，支出上升，导致家庭收不抵支；资产价格暴跌，负债急剧上升，出现资不抵债，最终导致家庭破产。

引发危机的事件有两类：一类是概率很小，难以预测的突发事件，我们称为黑天鹅事件；还有一类是属于大概率，可预测，波及范围很大的事件，我们称为灰犀牛事件。

现在是一个典型的"灰犀牛"散步的时代，有五只"灰犀牛"不得不防。

第一只"灰犀牛"：货币放水

为了对冲 2008 年的危机，很多国家采取量化宽松的货币政策，零利率甚至负利率越来越常见。

第二只"灰犀牛"：超级泡沫

货币放水的一个必然结果就是导致了资产超级泡沫，美国股市暴涨，中国房价暴涨，比特币暴涨，等等。而泡沫一旦破灭，又会导致很多家庭财富灰飞烟灭。

第三只"灰犀牛"：债务飙升

货币放水的另一个必然结果就是债务飙升，依靠债务来支撑经济。从政府到企业，从家庭到个人，债务都在不断加大，规模史无前例。据国际货币基金组织的研究报告称，2019 年上半年全球债务飙升至 250 万亿美元以上，政府、家庭和非金融企业负债占全球 GDP 的 240% 以上，[①]创历史最高水平。

第四只"灰犀牛"：经济下行

2019 年全球经济增速十年来最低，2020 年春节中国遭遇了疫情，势必导致经济下行压力增长。

---

① IIF：全球债务总额飙升至 250 万亿美元以上，http://finance.eastmoney.com/a/2019 11151292975687.html。

第五只"灰犀牛"：贸易保护主义

以美国为代表的一些国家，重拾贸易保护主义，全球贸易秩序遭到严重破坏。虽然中美第一阶段贸易协议签署，但贸易战的不确定性将继续影响全球。

"灰犀牛"漫步，"黑天鹅"漫天飞舞，虽然谁也说不清楚下一场危机何时到来。全球最大的对冲基金桥水（Bridgewater）掌门人瑞·达里欧（Ray Dalio）讲"我们对于最终将到来的衰退的量级深感恐惧，无论它到底什么时候到来，都很可能会造成更加严重的社会和政治冲突，其破坏性要远远超过我们已经经历的那些"。

目前，防范和化解重大风险已成为党和国家领导人的共识，2019 年 12 月 12 日，中央经济工作会议提出：经济下行压力加大，全球动荡源和风险点显著增多，我们要做好工作预案，坚持稳字当头，确保经济运行在合理区间。如图 5-2 所示，中国经济和金融的高级官员也在不断警示风险。

明斯基时刻：信贷膨胀耗尽，资产价格崩盘。

——周小川　前央行行长

"我现在返回投资界，看到的全是风险。"

——楼继伟　经济 50 人论坛 2018 年会

"收益率超过 6% 就要打问号，超过 8% 就很危险，10% 以上就要准备损失全部本金。"

——郭树清　银保监会主席

图 5-2　风险警示语录

应对危机，守为上策。在危机期间，最缺的就是现金，所以在家庭资产配置当中一定要增加现金类资产的比重，来增强资产配置的安全性。采取谨慎的投资组合，降低重资产的比重，降低非流动资产的比重，提升家庭资产的流动性。

增持安全性的资产，比如说黄金、国债和保险。在这里，笔者特别建议要增加人寿保险的配置。因为人寿保险是典型的逆周期资产，也就是说一旦危机发生，当其他资产都带来负收益的时候，只有保险能够给我们带来正向的现金流。因为保险合同里会设有最低保证收益，保险可以看成是一种只分赢、不分亏的复利资产。

保险又是类现金资产，非常符合危机期间对于现金的需求。保险同时又是一种高度安全性的资产，因为《中华人民共和国保险法》第89条规定，"寿险公司除分立、合并，不得解散。"保单的安全性是非常高的，因为保险拥有全球最高等级的偿付能力监管，它的三个偿付能力指标相较其他金融机构都是最高的。监管要求，保险公司核心偿付能力指标要在50%以上，综合偿付能力指标要达到100%以上，风险的综合评级要在B级以上，是非常安全的资产。可以这么讲，如果保险公司都付不出钱来的话，那么其他金融机构恐怕早就已经付不出钱了。

保单的安全性在所有的资产当中是最高的，特别是在2018年监管新规出台以后，更加凸显了保险的价值。资管新规打破了理财产品的刚性兑付，盈亏都是有可能的，保本理财已经成为历史。而保单根据保险合同可以保证收益，吸引力将会大幅度提升。所以中国人民银行参事、调查统计司原司长盛松成讲，"资管新规对保险业是个大利好"。保险几乎是这个世界上唯一的"保本"产品了。

近两年高净值客户的资产配置状况也反映了这种情况。如图5-3所示，招商银行—贝恩公司关于高净值人群的调研分析，发现高净值客户的资产配置，保险增幅是居前的。高净值客户不仅增持境内保险，境外保险也在增持，而且增持的比重很大。

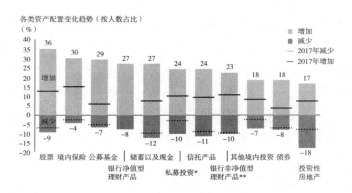

图 5-3　高净值人群调研分析

资料来源：招商银行—贝恩公司高净值人群调研分析。

在经济下行风险加大的情况下，增持保险反映了市场对安全资产的渴求。从目前已经成交的大额保单来看，大额保单呈井喷式发展，每年缴费百万元、千万元人民币的保单层出不穷，甚至有的豪掷上亿元人民币购买巨额保单。

《中国保险报》在 2019 年 4 月 24 日 名为"财富人士为何钟爱保险？"的文章解释了高净值人士购买保险的四大原因：①因为保险可以分散风险；②保险是安全的投资；③保单贷款是灵活的融资；④保险能使财富精准传承。这就是为什么目前大额甚至巨额保单频出的原因所在。

第二节　家庭税务风险管理

财富重新分配时代开启

在讨论家庭税务风险管理之前，先提一下两位名人对税收的看法。

只有死亡和纳税是不可避免的。

——本杰明·富兰克林

税收这种技术，就是拔最多的鹅毛，听最少的鹅叫。

——哥尔柏（Kolebe）

党的十八届三中全会通过了《中共中央关于全面深化改革若干重大问题的决定》（以下简称《决定》），吹响了公平改革的号角，其核心是收入分配改革："保护合法收入，调节过高收入，清理规范隐性收入，取缔非法收入，增加低收入者收入，扩大中等收入者比重，努力缩小城乡、区域、行业收入分配差距，逐步形成橄榄型分配格局。"

《决定》里有几个概念需要厘清，所谓合法收入，就是在法律规定的范围内取得的财物，比如劳动所得、承包经营所得、福利和社会保险收入，接受赠送、继承遗产以及合法的租金等。所谓隐性收入是指在工资、奖金、津贴、补助等正常渠道之外取得的非公开性收入，比如兼职兼业收入、业余经营收入、劳务报酬所得等，隐性收入有一个很重要的特点就是来源合法但是没有纳税。而非法收入是指违反国家的法律和政策规定而取得的财物，比如用非法手段倒卖资产、弄虚作假、骗钱牟利、坐地分赃攫取的非法收入，简单来说就是来源不合法的收入。

《决定》奠定了我国的税制改革方向，"双高"（高收入、高净值）人群已经成为税务局的关注焦点，当然这是国际惯例。国家税务总局印发《纳税人分类分级管理办法》（税总发 2016 年 99 号，以下简称《办法》）第十一条规定，自然人按照收入和资产分为：高收入、高净值自然人和一般自然人。

高收入、高净值自然人是指税务总局确定的、收入或资产净值超过一定额度的自然人。通常我们把他们统称为"双高"人群。

一般自然人是指除高收入、高净值自然人以外的自然人。

《办法》第十二条规定，省以下税务机关可根据管理需要和税务总局有关职能部门工作要求，确定本级高收入、高净值自然人以及特定管理类型自然人，实施分类管理。也就是说，决定谁是高收入、高净值自然人的权力在省以下税务机关。

尽管如此，高净值自然人到底指的是哪些人，根据《非居民金融账户涉税信息尽职调查管理办法》（国家税务总局公告 2017 年第 14 号）第二章第十五条规定，存量个人账户包括低净值账户和高净值账户，低净值账户是指截至 2017 年 6 月 30 日账户加总余额不超过相当于一百万美元的账户，高净值账户是指截至 2017 年 6 月 30 日账户加总余额超过一百万美元的账户。

为什么"双高"人群会成为税局关注的焦点呢，我想这和全球社会财富分配失衡和政府财政收支失衡加剧的总体趋势密不可分，这些趋势决定了 21 世纪会是一个财富重新分配的世纪。概括起来，主要有以下几个原因：

第一，贫富分化严重。在改革开放的初期，邓小平同志提出："让一部分人先富起来，先富起来的人带动后富起来的人。"然而 40 多年过去了，很多先富起来的人并没有带动后面的人富起来，反而是财富越来越集中在少数人手里，放眼全球，概莫能外。据参考消息网 2017 年 11 月 16 日报道，金融服务公司瑞士信贷银行曾发表的一份研究报告显示，全球约为一半家庭财富掌握在最富有的 1% 的成年人手中。贫富差距日益严重，这不仅会加剧社会矛盾，增加不稳定性；还会使经济增长放缓，为什么？你想啊，因为当绝大多数人手中的钱越来越少时，他们的消费能力就会越来越差，没有消费，社会发展就会迟缓，经济就会下行。所以从这个维度，以税收为重要手段，均衡社会财富的重新分配，势在必行。

第二，养老缺口巨大。2017 年在世界经济论坛（WEF）中有人指出，受累于人口老龄化，全球主要经济体养老金缺口将惊人：30 年后高达 400 万亿美元，中国也是其中之一，而且形势非常严峻。养老金系统如果崩盘，将动摇一个国家稳定的根基，所以，为了保持养老金的收支平衡，也需要考虑财富的重新分配。

第三，政府负债累累。2008 年金融危机爆发以后，当时的奥巴马政府实施的经济刺激措施导致美国国债加速增长。2019 年美国政府的债务规模已经超过 22 万亿美元，其中有约 16 万亿美元由公众持有，美国无资金准备负债规模（如社会保险、养老金等）已高达 122 万亿美元，相当于美国 GDP 的 6 倍。[①]

由于税收增长乏力，社保负担沉重，日本政府债务掉进千兆陷阱，日本目前的负债率大致相当于其 GDP 水平的 240%。

弗格森和鲁比尼联合撰文指出，欧洲债务危机或致欧洲民主制度崩溃。鲁比尼，纽约大学经济学教授，曾成功预测 2008 年次贷危机。尽管他的判断有点危言耸听，但不可否认的是欧洲的债务压力急剧上升。政府债务占 GDP 的比重中，法国超过 100%，英国 80% 左右，德国 60%。

国际税收形势的变化

在贫富差距日益增大的情况下，西方政府已经开始行动，主要是针对"双高"人群。法国欲"劫富济贫"，富人上演"大逃亡"。2012 年法国总统奥朗德宣布要对年薪百万欧元（约合 785 万元人民币）以上的富人课以高达 75% 的重税。一些为避税移民的知名案例引发了法国舆论议论纷纷，其中包括坐拥超过 200 万英镑身家，移民英国的超模蕾蒂西娅·卡斯特，掌管着全世界 25 家餐厅，拥有 3 家豪华旅社和 1 家酒店集团的餐饮业最高荣誉金牌厨师艾伦·杜卡斯以及摇滚巨星哈里戴。西方国家对富人征收的最高税率为：法国 75%，瑞典 57%，日本 50%，英国 45%，德国 45%，意大利 43%，美国 35%，加拿大 29%。[②]

---

① 美国总债务逼近 22 万亿！http://bbs.tianya.cn/post-worldlook-1881026-1.shtml。

② 法国欲"劫富济贫"富人上演"大逃亡"，http://news.sina.com.cn/o/2012-08-10/023924940489.shtml。

　　瑞典是闻名于世的富裕国家，也是收入分配最公平的国家之一，令许多贫富分化严重的国家羡慕。瑞典采取的是累进税率，这是瑞典人高福利制度的财富来源，也是瑞典控制基尼系数的有效方法之一。瑞典的遗产税高得惊人，最高达到 98% 的水平，也就是说上一代留给子女的财富最少时只剩 2%。

　　美国不仅实行严格的个税，而且美国打击海外逃税的力度也非常大，美国《外国账户税收遵从法案》(以下简称 FATCA[①] 法案) 于 2014 年 7 月 1 日正式生效，被视为打击海外逃税利器的法律。

---

　　① 根据 FATCA 法案规定,若美国纳税人个人或机构持有的海外金融资产总价值达到一定标准，该纳税人将有义务向美国国税局进行资产申报。

　　同时，FATCA 法案要求全球金融机构与美国国税局签订合规协议，规定海外金融机构需建立合规机制，对其持有的账户信息展开尽职调查，辨别并定期提供其掌握的美国账户（包括自然人账户以及美国纳税人持有比例超过 10% 的非金融机构）信息。这些信息包括美国纳税人的姓名、地址、纳税识别号、账号、账户余额或价值以及账户总收入与总付款金额。

　　届时，未签订合规协议或已签订协议却未履行合规义务的海外金融机构会被认定为"非合规海外金融机构"，在合理时间内未披露信息的账户将被认定为"拒绝合作账户"，未披露信息说明美国纳税人对其持有比例是否超过 10% 的非金融机构将被认定为"未合规非金融机构"。

　　作为惩罚，美国将对所有非合规的金融机构、非金融机构以及拒绝合作账户来源于美国的"可预提所得"按照 30% 税率征收预提所得税（通常来说，在签有双边税收协定的情况下，该类收入的预提所得税率最高不会超过 10%）。其中，FATCA 法案最有争议也最为关键一点是，即使这些被扣缴人所在居民国与美国签订有双边税收协定，美国仍会对其适用 30% 的预提所得税率。

　　对未合规非金融机构以及拒绝合作账户来说，如果其最终能向美国国税局披露相应信息并述明其身份，那么其仍将可以享受协定待遇并申请退回此前被额外预提的税款。但是对于非合规金融机构来说，除非其最终达到合规要求，否则美国将不会退还相应税款。

　　法案中"可预提所得"概念基本涵盖了来源于美国的所有形式的所得，包括股息、利息、特许权使用费、租金、保险费、工资薪金、报酬、养老金、补偿金、赔偿金以及财产处置所得等。此外，法案中"海外金融机构"概念涵盖了几乎所有从事储蓄、保险、资产托管以及投资等金融业务的机构。对于同美国有业务关系的所有中国金融机构来说，FACTA 法案将是绕不开的一道难题。

据估计因为海外避税，美国财政每年损失大概 1000 亿美元，范围涉及 80 多个国家，7.7 万家金融机构，FATCA 法案的实施保守估计美国财政每年能增加大约 8 亿美元收入。

美国 FATCA 法案的颁布，除了源自其本国打击海外避税、增加国内财政收入的需要外，还旨在谋求建立国际税收情报交换和国际税务合作的新秩序。

为打击跨国避税行为，遏制有害税收竞争，经济合作与发展组织（OECD）一直致力于提高国际税收信息透明度，打造国际税收征管合作新秩序。2013 年 7 月，20 国集团委托 OECD 研究制定新的全球税收情报自动交换标准，2014 年 2 月 13 日，OECD 在总部巴黎发布了全球税收情报自动交换新标准（即 AEOI 标准）。从内容上来看，新标准及多边协定草案基本参照美国 FATCA 法案制定，国际社会将这一新标准命名为"全球账户税收遵从法案"（GATCA）。

CRS（Common Reporting Standard）[①]，即共同申报准则，它是基于 2014 年 7 月 OECD 发布的《金融账户涉税信息自动交换标准》（即 AEOI 标准）的内容之一，旨在打击跨境逃税及维护诚信的纳税税收体制。

2019 年 8 月 15 日，瑞士在国际社会的压力下，进入 CRS 正式交换程序，联邦议会正式宣布：在 2019 年 9 月向全球 33 个国家和地区的税收主管当局交换 CRS 涉税信息，其中包括了中国以及中

---

① 共同申报准则（Common Reporting Standard，CRS），又称"统一报告标准"。CRS 旨在推动国与国之间税务信息自动交换。虽然不是具有法律效力的范本，但发起 CRS 的组织 OECD 提倡各成员国应按照要求，签署公民信息交换的协议。

覆盖的海外机构账户：几乎所有的海外金融机构，包括银行、信托、券商、律师事务所、会计师事务所、提供各种金融投资产品的投资实体、特定的保险机构等。

覆盖的资产信息：存款账户、托管账户、有现金的基金或者保险合同、年金合约，都要被交换。

覆盖的个人信息：账户、账户余额、姓名、出生日期、年龄、性别、居住地，都要被交换。

国香港。

2019年8月29日，OECD更新了加入CRS全球涉税信息交换的国家和地区名单，随着几内亚、纳米比亚和洪都拉斯的加入，全世界已有157个国家和地区的税收主管当局承诺或者正式实施执行CRS[①]。

在严峻的国际税收形势下，瑞士银行也不再为外国账户保密，2.2万亿美元私人账户资金面临公开。瑞士、列支敦士登等避税天堂加入打击逃税全球行动。

美国的身份渐渐失去吸引力，2014年掀起了一批放弃美国国籍的高潮。据美国《华尔街日报》的报道，美国财政部2014年公布的一份名单，2014年有创纪录的3415人放弃了美国公民身份或长期居住权。这一数字比2013年的2999人上升了14%。2001年

（接上页）目前以下13个不在CRS列表的国家：ARMENIA 亚美尼亚，Georgia 格鲁吉亚，CAMBODIA 柬埔寨，DOMINICAN REPUBLIC 多米尼克共和国，GUATEMALA 危地马拉共和国，KAZAKHSTAN 哈萨克斯坦，MACEDONIA 马其顿，MONTENEGRO 黑山，PARAGUAY 巴拉圭，PHILIPPINES 菲律宾，SERBIA 塞尔维亚，UKRAINE 乌克兰，UNITED STATES 美国。

2015年12月，中国正式签署了《金融账户涉税信息自动交换多边主管当局间协议》。

2017年1月1日，完成对新客户开户流程的改造，对于2017年1月1日以后的新开户客户，可以通过尽职调查程序识别出其中的非居民账户。

2017年12月31日前，完成对高净值（在2016年12月31日金融账户加总余额大于100万美元）存量个人客户的尽职调查程序，识别其中的非居民账户。

2018年6月30日前，完成向国税总局的首次信息报送，并在以后年度每年定期向国税总局进行信息报送。

2018年9月30日前，中国与其他参与CRS的辖区完成首次辖区间的信息交换，以后每年定期进行辖区间的信息交换。

2018年12月31日前，完成对其余所有存量客户的尽职调查程序，识别其中的非居民账户。

① 157个国家和地区加入！CRS来势汹汹，税务身份规划迫在眉睫！http：//toutiao.manqian.cn/wz_57MxR8XpTM7.html。

放弃美国国籍或绿卡的人数是 1781 人。

美国的联邦个人收入税收税率在 10%~40%，许多身居海外的美国人发现，保留他们的身份与遵守美国税务法律所带来的成本和麻烦相比并不划算，所以有越来越多的人放弃美国公民身份和永久居留权。因为拥有美国永久居留权或者美国公民身份就是美国的税务居民。而美国对拥有未申报海外账户的税务居民，开展为期五年的执法行动。在这种情况之下，早年移民海外的华人掀起了回国潮。

中国税收形势与个税改革

党的十八届三中全会拉开了公平改革的帷幕，目标就是要"让发展成果惠及全体人民"，方法就是要采取税收手段调节收入分配两极分化，改革决心之坚定，力度之大，前所未有。例如，范冰冰事件所引发的影视行业的自查申报成果显著，截至 2018 年底，已自查申报税款 117.47 亿元。

据《中国税务年鉴 2017》数据显示，我国高收入人群的税收贡献仅为 20%，与量能课税原则严重背离，个人所得税流失严重。而相较之下，美国高收入人群所得税收贡献率为 68.3%。另有数据显示，我国目前 20% 的高收入群体只负担约 10% 的个人所得税，而美国则是前 5% 的高收入群体缴纳了近 50% 的联邦所得税。"双高"人群应该多缴税已经成为整个社会的呼声。

国际方面，为配合 CRS 在中国的落地执行，国家税务总局、财政部、中国人民银行、原银监会、证监会、原保监会联合发布了《非居民金融账户涉税信息尽职调查管理办法》，金融机构不得协助账户持有人隐匿资产。

CRS 信息交换引发的"双高"人群的忧虑主要有四种：

第一，来源合法性问题，有两个罪名与此相关，巨额财产来源

不明罪 ① 和贪污 ② 受贿罪 ③。

第二，是否完税问题，涉及逃税罪 ④ 或者是补税及缴纳滞纳金。

第三，个人隐私曝光问题，导致财富外漏和债权人追债的风险。

---

① 巨额财产来源不明罪，是指国家工作人员的财产或者支出明显超过合法收入，差额巨大，本人不能说明其来源是合法的行为。犯本罪的，处五年以下有期徒刑或者拘役，财产的差额部分予以追缴。涉嫌巨额财产来源不明，数额在 30 万元以上的，应予立案。

② 贪污罪是指国家工作人员利用职务上的便利，侵吞、窃取、骗取或者以其他手段非法占有公共财物的犯罪行为。根据《中华人民共和国刑法》第 383 条的规定，个人贪污在 10 万元以上的，处 10 年以上有期徒刑或无期徒刑，可以并处没收财产；情节特别严重的，处死刑，并处没收财产。个人贪污在 5 万元以上不满 10 万元的，处 5 年以上有有期徒刑，可以并处没收财产，情节特别严重的，处无期徒刑，并处没收财产。个人贪污在 5 千元以上不满 5 万元的，处 1 年以上 7 年以下有期徒刑，情节严重的，处 7 年以上 10 年以下有期徒刑。个人贪污在 5 千元以上不满 1 万元，犯罪有悔罪表现，积极退赃的，可以减轻处罚或免予刑事处罚，由其所在单位或上级主管机关给予行政处分。

③ 受贿罪的行为方式有两种：一是索贿。即行为人在公务活动中主动向他人索取财物。二是收受贿赂。即行为人非法收受他人财物，并为他人谋取利益。谋取的利益可以是不正当利益，也可以是正当利益。个人受贿数额在 10 万元以上的，处 10 年以上有期徒刑或者无期徒刑，可以并处没收财产；情节特别严重的，处死刑，并处没收财产；个人受贿数额在 5 万元以上不满 10 万元的，处 5 年以上有期徒刑，可以并处没收财产；情节特别严重的，处无期徒刑，并处没收财产。

④ 逃税罪是指纳税人采取欺骗、隐瞒手段进行虚假纳税申报或者不申报，逃避缴纳税款数额较大的行为。纳税人采取欺骗、隐瞒手段进行虚假纳税申报或者不申报，逃避缴纳税款数额较大并且占应纳税额百分之十以上的，处三年以下有期徒刑或者拘役，并处罚金；数额巨大并且占应纳税额百分之三十以上的，处三年以上七年以下有期徒刑，并处罚金。扣缴义务人采取前款所列手段，不缴或者少缴已扣、已收税款，数额较大的，依照前款的规定处罚。对多次实施前两款行为，未经处理的，按照累计数额计算。

第四，资金出境的合规性问题，进而引发逃税罪，逃汇罪 ① 和洗钱罪 ②。

国内方面，2019 年 1 月 1 日新修改的《中华人民共和国个人所得税法》（以下简称新《个人所得税法》）全面实施。这次个人所得税改革，除提高"起征点"③ 和增加"六项专项附加扣除"④ 外，还在我国历史上首次建立了综合与分类相结合的个人所得税制。这样有利于平衡不同所得税负，能更好地发挥个人所得税收入分配调节作用。

新《个人所得税法》引入汇算清缴制度

综合税制，通俗地讲就是"合并全年收入，按年计算税款"，

---

① 逃汇罪，是指公司、企业或者其他单位，违反国家规定，擅自将外汇存放境外，或者将境内的外汇非法转移到境外，情节严重的行为。根据《全国人民代表大会常务委员会关于惩治骗购外汇、逃汇和非法买卖外汇犯罪的决定》第 3 条规定，公司、企业或者其他单位，违反国家规定，擅自将外汇存放境外，或者将境内的外汇非法转移到境外，数额较大的，对单位判处逃汇数额百分之五以上百分之三十以下罚金，并对其直接负责的主管人员和其他直接责任人员处五年以下有期徒刑或者拘役；数额巨大或者有其他严重情节的，对单位判处逃汇数额百分之五以上百分之三十以下罚金，并对其直接负责的主管人员和其他直接责任人员处五年以上有期徒刑。

② 洗钱罪，是指明知是毒品犯罪、黑社会性质的组织犯罪、走私犯罪的违法所得及其产生的收益，以提供资金账户、协助将财产转换为现金或者金融票据、通过转账结算方式协助资金转移、协助将资金汇往境外以及其他方法掩饰、隐瞒犯罪的违法所得及其收益的性质和来源的行为。自然人犯洗钱罪的，没收实施毒品犯罪、黑社会性质的组织犯罪、走私犯罪的违法所得及其产生的收益，处五年以下有期徒刑或者拘役，并处或者单处洗钱数额百分之五以上百分之二十以下罚金；情节严重的，处五年以上十年以下有期徒刑，并处洗钱数额百分之五以上百分之二十以下罚金。单位犯本罪的，对单位判处罚金，并对其直接负责的主管人员和其他直接责任人员，处五年以下有期徒刑或者拘役。

③ 2018 年 10 月 1 日起个税起征点是 5000 元人民币。

④ 个人工资所得、劳务所得将可以在原有扣除基础上另行扣除子女教育、继续教育、大病医疗、住房贷款利息、住房租金、赡养老人等费用后再缴纳个人所得税。

这与我国原先一直实行的分类税制相比，个人所得税的计算方法发生了改变。即将纳税人取得的工资薪金、劳务报酬、稿酬、特许权使用费收入合并为"综合所得"，以"年"为一个周期计算应该缴纳的个人所得税。平时取得这四项收入时，先由支付方（即扣缴义务人）依税法规定按月或者按次预扣预缴税款。年度终了，纳税人需要将上述四项所得的全年收入和可以扣除的费用进行汇总，总收入减去总费用后，适用3%~45%的综合所得年度税率表（见表5-1），计算全年应纳个人所得税，再减去年度内已经预缴的税款，向税务机关办理年度纳税申报，并结清应退或应补税款，这个过程就是汇算清缴。简言之，就是在平时已预缴税款的基础上"查遗补漏，汇总收支，按年算账，多退少补"，这也是国际通行做法。

表 5-1　综合所得年度税率

级数	应纳税所得额	税率（%）	速算扣除数
1	不超过 36000 元的	3	0
2	超过 36000 元至 144000 元的	10	2520
3	超过 144000 元至 300000 元的	20	16920
4	超过 300000 元至 420000 元的	25	31920
5	超过 420000 元至 660000 元的	30	52920
6	超过 660000 元至 960000 元的	35	85920
7	超过 960000 元的	45	181920

为便于公众理解，根据新《个人所得税法》第二条和第十一条规定，《国家税务总局关于办理 2019 年度个人所得税综合所得汇算清缴事项的公告（征求意见稿）》（以下简称《公告》)，第一条解释

了年度汇算[①]概念和内容。需要说明的是：

第一，我国个人所得税的纳税人分为居民个人和非居民个人，两者判定条件不同，所负有的纳税义务也不相同。《公告》第一条中所称"居民个人"，是指个人所得税法第一条规定，"在中国境内有住所，或者无住所而在一个纳税年度内在中国境内居住累计满一百八十三天的个人"。也就是说，只有居民个人，才需要办理年度汇算。

第二，年度汇算之所以称为"年度"，即仅限于计算并结清本年度的应退或者应补税款，不涉及以前或以后年度。因此，2020年纳税人办理年度汇算时仅需要汇总2019年度取得的综合所得。

第三，年度汇算的范围和内容，仅指此次个人所得税改革纳入综合所得范围的工资薪金、劳务报酬、稿酬、特许权使用费四项所

---

① 年度汇算的原因主要有两个方面：

一方面，年度汇算可以更加精准、全面落实各项税前扣除和税收优惠政策，更好保障纳税人的权益。比如，有的纳税人由于工作繁忙，可享受的税前扣除项目在平时没来得及享受；还有一些扣除项目，只有年度结束，才能确切地知道支出金额是多少，比如专项附加扣除中的大病医疗支出等，这些扣除都可以通过年度汇算来补充享受或正常办理。为此，《公告》专门在第四条，分三类情形列出了年度汇算期间可以继续享受的税前扣除项目，既有平时可以扣除但纳税人未来得及扣除或没有足额扣除的，也有在年度汇算期间可以正常办理的扣除，提醒纳税人"查遗补漏"，充分享受改革红利。

另一方面，通过年度汇算，才能准确计算纳税人综合所得全年应该实际缴纳的个人所得税，如果多预缴了税款，就要退还给纳税人。税法规定，纳税人平时取得综合所得时，仍需要依照一定的规则，先按月或按次计算并预扣预缴税款，这几乎是世界上所有开征个人所得税国家的普遍做法。但由于实践中的情形十分复杂，因此无论采取怎样的预扣预缴方法，都不可能使所有的纳税人平时已预缴税款与年度应纳税额完全一致，此时两者之间就会产生"差额"。比如：年度中间，纳税人取得综合所得的收入波动过大或时断时续，在收入较高或有收入的月份按规定预缴了税款，但全年综合所得的收入总计还不到6万元，减去基本减除费用6万元后，按年计算则无须缴纳个人所得税。这时，平时已预缴税款就需要通过年度汇算退还给纳税人了。

得,不包括利息、股息、红利所得和财产租赁、财产转让、偶然所得。按照《财政部　税务总局关于个人所得税法修改后有关优惠政策衔接问题的通知》(财税〔2018〕164号)规定,纳税人取得的可以不并入综合所得计算纳税的收入,也不在年度汇算范围内,如全年一次性奖金、解除劳动关系、提前退休、内部退养取得的一次性补偿收入以及上市公司股权激励等。

那么,哪些人不需要办理年度汇算呢?

一般来讲,只要纳税人平时已预缴税额与年度应纳税额不一致,都需要办理年度汇算。为切实减轻纳税人负担,持续释放改革红利,国务院专门明确了对部分中低收入纳税人免除年度汇算补税义务的政策。据此,《公告》第二条列明了无须办理2019年度汇算的纳税人,具体分为两类:

一类是对部分本来应当办理年度汇算且需要补税的纳税人,免除其办理的义务。包括:《公告》第二条第一项所列的,纳税人只要综合所得年收入不超过12万元,则不论补税金额多少,均不需办理年度汇算;《公告》第二条第二项所列的,纳税人只要补税金额不超过400元,则不论综合所得年收入的高低,均不需办理年度汇算。

另一类是《公告》第二条第三项"纳税人已预缴税额与年度应纳税额一致或不申请年度汇算退税的"。也就是说,如果纳税人平时已预缴税额与年度应纳税额完全一致,既不需要退税也不需要补税,自然无须办理年度汇算;或者纳税人自愿放弃退税,也可以不办理年度汇算。

很多纳税人都不太清楚自己全年收入到底有多少,或者怎么才能算出自己应该补税还是退税,具体补多少或者退多少,是否符合豁免政策的要求,等等。对此,一是纳税人可以向扣缴单位提出要求,按照税法规定,单位有责任将已发放的收入和已预缴税款等情况告诉纳税人;二是纳税人可以登录电子税务局网站,查询本人

2019 年度的收入和纳税申报记录；三是 2020 年汇算前，税务机关将通过网上税务局（包括个人所得税手机 APP、网页端），根据一定规则为纳税人提供申报表预填服务，如果纳税人对预填的结果没有异议，系统就会自动计算出应补或应退税款，纳税人就可以知道自己是否符合豁免政策要求了。

依据税法和国务院常务委员会精神，《公告》第三条明确了需要办理 2019 年度汇算的情形，分为退税、补税两类。

第一，平时多预缴了个人所得税，需要申请退税的纳税人。依法申请退税是纳税人的权利。从充分保障纳税人权益的角度出发，只要纳税人因为平时扣除不足或未申请扣除等原因导致多预缴了税款，无论收入高低，无论退税额多少，纳税人都可以申请退税。实践中有一些比较典型的情形^①，将产生或者可能产生退税，提醒纳税人关注。

第二，少预缴了个人所得税，应当补税的纳税人。补税是纳税人的义务。但如上所述，从有利于纳税人的角度出发，国务院对年度汇算补税做出了例外性规定，即只有综合所得年收入超过 12 万

---

① a. 2019 年度综合所得年收入额不足 6 万元，但平时预缴过个人所得税的（如某纳税人 1 月领取工资 1 万元、个人缴付"三险一金" 2000 元，假设没有专项附加扣除，预缴个税 90 元；其他月份每月工资 4000 元，无须预缴个税。从全年看，因纳税人年收入额不足 6 万元无须缴税，因此预缴的 90 元税款可以申请退还）。

b. 2019 年度有符合享受条件的专项附加扣除，但预缴税款时没有扣除的（如某纳税人每月工资 1 万元、个人缴付"三险一金" 2000 元，有两个上小学的孩子，按规定可以每月享受 2000 元（全年 24000 元）的子女教育专项附加扣除。但因其在预缴环节未填报，使得计算个税时未减除子女教育附加扣除，全年预缴个税 1080 元。其在年度汇算时填报了相关信息后可补充扣除 24000 元，扣除后全年应纳个税 360 元，按规定其可以申请退税 720 元）。

c. 因年中就业、退职或者部分月份没有收入等原因，减除费用 6 万元、"三险一金"等专项扣除、六项专项附加扣除、企业（职业）年金以及商业健康保险、税收递延型养老保险等扣除不充分的（如某纳税人于 2019 年 8 月底退休，退休前每月工资 1 万元、个人缴付"三险一金" 2000 元，退休后领取基本养老金。假设没有专项附加扣除，1~8 月预缴个税 720 元；后 4 个月基本养老金按规定免征个税。从全年看，该纳税人仅扣除了 4 万元减除费用（8×5000 元 / 月），未充分扣除 6 万元减除费用。年度汇算足额扣除后，该纳税人无须缴税，因此可申请退税 720 元）。

d. 没有任职受雇单位，仅取得劳务报酬、稿酬、特许权使用费所得，需要通过年度汇算办理各种税前扣除的。

e. 纳税人取得劳务报酬、稿酬、特许权使用费所得，年度中间适用的预扣预缴率高于全年综合所得年适用税率的（如某纳税人每月固定一处取得劳务报酬 1 万元，适用 20% 预扣率后预缴个税 1600 元，全年 19200 元；全年算账，全年劳务报酬 12 万元，减除 6 万元费用（不考虑其他扣除）后，适用 10% 的综合所得税率，全年应纳税款 3480 元。因此，可申请 15720 元退税）。

f. 预缴税款时，未享受或者未足额享受综合所得税收优惠的，如残疾人减征个人所得税优惠等。

j. 有符合条件的公益慈善捐赠支出，但预缴税款时未办理扣除的，等等。

元且年度汇算补税金额在 400 元以上的纳税人，才需要办理年度汇算并补税。有一些常见情形①，将导致年度汇算的结果需要或可能需要补税，提醒纳税人注意。

对于说纳税人可自主选择哪些办理方式，《公告》第六条明确了办理年度汇算的三种方式，即自己办、单位办、请人办。②

---

①　a. 在两个以上单位任职受雇并领取工资薪金，预缴税款时重复扣除了基本减除费用（5000 元／月）。

b. 除工资薪金外，纳税人还有劳务报酬、稿酬、特许权使用费，各项综合所得的收入加总后，导致适用综合所得年税率高于预扣预缴率等。

②　a. 自己办，即纳税人自行办理。

纳税人可以自行办理年度汇算。税务机关将推出系列优化服务措施，加大年度汇算的政策解读和操作辅导力度，分类编制办税指引，通俗解释政策口径、专业术语和操作流程，通过个人所得税手机 APP、网页端、12366 自然人专线等渠道提供涉税咨询，解决办理年度汇算中的疑难问题，帮助纳税人顺利完成年度汇算。对于因年长、行动不便等独立完成年度汇算存在特殊困难的，纳税人提出申请，税务机关还可以提供个性化年度汇算服务。

b. 单位办，即请任职受雇单位办理。

考虑到很多纳税人主要从一个单位领取工资薪金，单位对纳税人的涉税信息掌握得比较全面、准确，为更好地帮助纳税人办理年度汇算，《公告》第六条第二项规定，纳税人可以通过取得工资薪金或连续性取得劳务报酬所得（如保险营销员或证券经纪人）的扣缴义务人代为办理，且纳税人向这些扣缴义务人提出代办要求的，扣缴义务人应当办理。这样有利于继续发挥源泉扣缴的传统优势，尽最大努力降低纳税人办税难度和负担。同时，税务机关将为扣缴单位提供申报软件，方便扣缴义务人为本单位职工集中办理年度汇算申报。

需要注意的是，纳税人通过扣缴义务人办理年度汇算的，应将除本单位以外的 2019 年度全部综合所得收入、扣除、享受税收优惠等信息资料如实提供给扣缴义务人，并对其真实性、准确性、完整性负责。

c. 请人办，即可以委托涉税专业服务机构或其他单位及个人代办。

纳税人可根据自己的情况和条件，自主委托涉税专业服务机构或其他单位、个人（以下称受托人）代为办理年度汇算。选择这种方式，受托人需与纳税人签订委托授权书并妥善留存，明确双方的权利、责任和义务。

新《个人所得税法》引入自然人反避税规则

在新《个人所得税法》之前，由于反避税规则的缺失，使得税务机关对自然人利用跨境交易进行避税的安排无能为力。根据国家税务总局北京市税务局第三税务分局孔丹阳的研究，不少中国富人通过各种避税安排 [①] 将资产或所得转移到避税地，规避我国税收。个人所得税不仅是财政收入的重要来源，也是调节收入分配、实现社会公平的有效手段。因此，为了促进社会公平，根据量能课税原则，让高收入人群承担应有的税收负担，税务机关应搭建有效的个人所得税反避税规则体系，加强对高收入人群避税安排的监管，有效打击避税行为。

新《个人所得税法》加入了包含转让定价、受控外国公司以及

---

① 我国自然人的主要避税模式：

第一，隐匿居民身份。新《个人所得税法》中，将自然人纳税人划分为居民和非居民，非居民纳税人仅就来源于中国境内的所得进行纳税。一些居民纳税人通过移民、购买护照等方式，试图隐匿居民身份，实现个人税收利益的最大化。一些移民中介以规避统一报告标准（CRS）为噱头推荐各种移民项目，帮助中国居民转换身份成为非居民，规避作为居民的无限纳税义务，从而实现避税目的。例如，不少中国富人通过申请"香港专才"移民中国香港地区，一些银行将持有中国香港地区临时身份证的人员认定为中国香港地区税收居民，不进行 CRS 交换，帮助这些人进行避税。

很多外籍高管将本该由境内公司支付的工资薪金，转化为境外支付的股息，或通过在避税地设立的咨询公司获得咨询费。由于其非居民身份，境外所得不需要缴纳个人所得税，从而规避我国的个人所得税。

第二，在避税地设立离岸公司。不少中国富人在避税地设立离岸公司，将资产和所得转移到避税地，或者通过离岸公司与关联公司的交易，将利润转移到避税地，从而逃避在中国应缴纳的所得税。

第三，通过信托、保险等方式。离岸信托是很多富人选择的避税方式，通过把资产转移到境外避税地设立的离岸信托，能很好地帮助富人们规避中国税务机关的监管，从而实现避税的目的。另外，一些国家对自然人购买的保险有一定的税收优惠，不少中国居民通过购买境外保险公司的保单进行避税。

一般反避税条款的反避税规则^①。

　　自然人利用转让定价避税的风险，主要体现在财产转让（包含股权转让）所得、特许权使用费所得和高附加值劳务所得等。

　　受控外国公司（CFC）避税是指居民个人控制的，或者居民个人和居民企业共同控制的设立在实际税负明显偏低的国家（地区）的企业，无合理经营需要，对应当归属于居民个人的利润不作分配或者减少分配。个税改革的方向倾向于建立涵盖企业所得税和个人所得税的 CFC 规则，倾向于明确中国居民个人在境外设立的离岸公司构成受控外国公司，并对间接控制、代持、多层架构等方式进行明确。倾向于明确中国居民在境外设立的信托为受控外国公司，中国居民从境外信托取得的分配应视为所得缴纳个人所得税。

　　江苏省南京地方税务局通过情报交换、约谈和实地访查等方式对某境外上市公司 14 名管理层股东通过 BVI 持股公司减持分配收益进行调查，成功补税约 2.5 亿元。CRS 和反洗钱现行机制可以发现避税情况，助力税务机关适用反避税条款征收税款。不具合理商业目的的离岸公司，受控外国企业等难以避税。

新《个人所得税法》关于注销中国国籍纳税申报

全国人民代表大会常务委员会关于修改《中华人民共和国个人所得税法》的决定第十条第一款第五项规定：纳税人因移居境外注销中国国籍的，应当在注销中国户籍前办理税款清算。

第一，纳税人在注销户籍年度取得综合所得的，应当在注销户籍前，办理当年综合所得的汇算清缴，并报送《个人所得税年度自行纳税申报表》。尚未办理上一年度综合所得汇算清缴的，应当在办理注销户籍纳税申报时一并办理。

第二，纳税人在注销户籍年度取得经营所得的，应当在注销户籍前，办理当年经营所得的汇算清缴，并报送《个人所得税经营所得纳税申报表（B表）》。从两处以上取得经营所得的，还应一并报送《个人所得税经营所得纳税申报表（C表）》。尚未办理上一年度经营所得汇算清缴的，应当在办理注销户籍纳税申报时一并办理。

第三，纳税人在注销户籍当年取得的利息、股息、红利所得、财产租赁所得、财产转让所得和偶然所得，应当在注销户籍前申报当年上述所得的完税情况，并报送《个人所得税自行纳税申报表（A表）》。

第四，纳税人有未缴或者少缴税款的，应当在注销户籍前，结清欠缴或未缴的税款。纳税人存在分期缴税且未缴纳完毕的，应当在注销户籍前，结清尚未缴纳的税款。

第五，纳税人办理注销户籍纳税申报时，需要办理专项附加扣除、依法确定的其他扣除的，应当向税务机关报送《个人所得税专项附加扣除信息表》《商业健康保险税前扣除情况明细表》《个人税收递延型商业养老保险税前扣除情况明细表》等。

税网恢恢，疏而不漏

除上述 2019 年的个税改革以外，日益收紧的税收大网特别引人关注，特别是金税三期、大数据筛查、自然人纳税识别号、大额交易监控、发票管控、关联交易监管、法人实名认证、监管机构数据打通等，在税收面前请保持敬畏，在这里我们挑选前四项进行介绍。

一、"金税三期"

1994 年 2 月国务院召开专题会议，指示要尽快建设以加强增值税管理为主要目标的"金税工程"①。会议同意利用人民银行清算中心网络建设交叉稽核系统，同时指出防伪税控系统要先试点，后推行。为组织实施这项工程，国务院成立了国家税控系统建设协调领导小组，下设"金税工程"工作办公室，具体负责组织、协调系统建设工作。当年下半年防伪税控系统和交叉稽核系统开始试点，金税工程正式启动。

2008 年启动"金税三期"工程建设，2016 年 9 月"金税三期"正式运行，借由知乎上的一篇文章②来说明"金税三期"到底有多强大。

"金税三期"的大数据评估与云计算强大到超乎您想象。

第一，在评估纳税人的税号下，进项发票与销项发票的行业相关性、同一法人相关性、同一地址相关性、数量相关性、比率相关性……增值税发票还敢虚开吗？

---

① 金税工程，https://baike.so.com/doc/146259–154558.html。

② "金税三期"到底有多强大？https://www.zhihu.com/question/31281504/answer/130166605。

第二，开票软件已经增加了商品编码，单位编码还远吗？一旦有了"单位编码"，大数据准确性会超出您想象，它会比你自己更了解你的库存状况，库存账实还敢不一致吗？

第三，商品品目由商品编码控制、商品数量由单位编码控制，单价、金额本身就是数字，大数据计算你的商品增值额，库存存量额（以及增值税的留抵），增值税还能逃吗？

第四，大数据还知道您发生了多少固定资产发票（买过几套房，买过几辆车）；多少费用发票（多少是加油的、多少是办公的、多少是差旅的、多少是业务宴请的），通过同行业比对知道应该产生多少利润，企业所得税还能逃吗？

第五，国税局运用"互联网"，依靠"网络爬虫"技术，自主研发了互联网涉税信息监控平台，在互联网信息汪洋大海中实时精准查找上市公司股权交易信息等，让税收征管效率呈现几何级倍增！互联网成了挖掘税收信息的金矿。利用"网络爬虫"原理调用百度、搜狗等知名搜索引擎的接口，获取其他方面诸如实际关联公司、经济案件的法院判决结果等信息数据，是轻而易举的事儿。

"金税三期"相当于是税务局在企业的家门口安装了一个税务的萨德系统，全面监控企业的各种行为。

二、自然人纳税识别号

2017 年 5 月 23 日，改革最高领导机构——中央全面深化改革领导小组审议第 35 次会议通过了《个人收入和财产信息系统建设总体方案》财政部部长肖捷强调，作为税收征管部门来说，需要掌握与纳税人收入相关的涉税信息，以保证新的个人所得税制度改革能够顺利实施。肖捷提到的掌握纳税人相关涉税信息，正是建立个人收入和财产信息系统。个人收入和财产信息系统建立的基础是每个自然人需要一个纳税人识别号，以便把个人收入财产信息统一起来。

所谓纳税人识别号，就是税务部门按照国家标准为企业、公民等纳税人编制的唯一且终身不变的确认其身份的数字代码标识。

中国社科院财经战略研究院研究员杨志勇表示，纳税识别号（可以直接选用身份证号，也可以选用其他，但必须终身不变）制度的建立是自然人税收管理体系形成的基础。纳税识别号可以自动归并自然人纳税人在全国各地的收入和财产信息。

自然人纳税人识别号就是新时代的新身份证、未来缴社保、买房子、炒股票都离不开个人税号，个人税号的使用将超过身份证号。

三、大数据筛查

挖掘金融大数据中的涉税信息，对高收入、高净值自然人实施定向税务稽查是常态，以下这些金融大数据是关注的焦点：

（1）短期内资金分散转入，集中转出或反向操作；

（2）资金收付频率、金额与企业经营规模明显不符；

（3）资金收付流向与企业经营范围明显不符；

（4）相同收付款人之间短期内频繁发生资金收付；

（5）长期闲置的账户原因不明地突然启用，且短期内出现大量现金收付；

（6）存取现金的数额、频率、用途与其正常现金收付明显不符，或个人银行结算账户短期内累计 100 万元以上现金收付；

（7）频繁开户、销户，且销户前发生大量资金收付。

四、大额交易监控

根据中国人民银行文件《中国人民银行关于非银行支付机构开展大额交易报告工作有关要求的通知》（银发［2018］163 号文），使用支付宝或者微信购物消费达到 5 万元以上、转账金额达到 20

万元以上，就有可能被列入大额可疑交易进行监控。

大额交易监控的对象如下：

（1）当日单笔或者累计交易人民币 5 万元以上（含 5 万元）、外币等值 1 万美元以上（含 1 万美元）的现金收支。

（2）非自然人客户支付账户与其他账户发生当日单笔或者累计交易人民币 200 万元以上（含 200 万元）、外币等值 20 万美元以上（含 20 万美元）的款项划转。

（3）自然人客户支付账户与其他账户发生当日单笔或者累计交易人民币 50 万元以上（含 50 万元）、外币等值 10 万美元以上（含 10 万美元）的境内款项划转。

（4）自然人客户支付账户与其他的银行账户发生当日单笔或者累计交易人民币 20 万元以上（含 20 万元）、外币等值 1 万美元以上（含 1 万美元）的跨境款项划转。

从资产角度看税收

作为"双高"人群，如果你持有股票、股权、期权、基金、信托、保险、银行理财、存款、不动产、古玩字画等，从资产角度看该如何进行征税呢？表 5-2 对您一定有帮助。

表 5-2　不同资产涉税分析

资产	纳税环节	涉税分析		
		个人所得税	增值税及附加	文件依据
股票	持有分红	部分免	—	财税［2015］101 号
	转让	免	免	财税字［1998］61 号
股权	持有分红	20%	—	个人所得税法及实施条例
	转让	20%	—	国家税务总局公告 2014 年第 67 号

续表

资产	纳税环节	涉税分析		
		个人所得税	增值税及附加	文件依据
新三板	持有分红	部分免	—	财税〔2015〕101 号
	转让	部分免	—	财税 2018 年 37 号
限售股	持有分红	10%	—	财税〔2012〕85 号
	转让	部分免	免	财税 2009 年 167 号 财税〔2010〕70 号
限制性股票	持有分红	20%	—	个人所得税法及实施条例
	行权	3%~45%	免	财税 2016 年 101 号
股票期权	行权	3%~45%	—	财税〔2018〕164 号
基金	持有分红	免	—	财税字〔1998〕55 号
	赎回	免	免	财税字〔1998〕55 号
信托	持有分红	20%	—	国税函〔2005〕424 号（未公开）
	转让	部分免	免	国税函〔2005〕424 号（未公开）
保险	分红	部分地区明确征	—	哈地税函〔2013〕34 号
银行理财	分红	部分地区明确免	—	青地税二函〔2013〕1 号
存款	利息	免	免	财税〔2008〕132 号
不动产	租赁	20%	部分免	国家税务总局公告 2019 年第 4 号
	转让	20%	0%~5%	营业税改征增值税试点过渡政策的决定
古玩字画等	转让	20%	3%	国税发〔2007〕38 号
综合所得		3%~45%	—	个人所得税法
生产经营所得		5%~35%	—	个人所得税法

除此之外,"双高"人群应该关注两个税种:一是处在加紧立法过程当中的房产税,二是遗产税。遗产税只是时间问题,而且和遗产税并行的一个税种是赠与税。一般而言,赠与税常常具有五年的回溯期,也就是在赠与人死亡发生前五年之内所做的赠与,仍旧需要缴纳赠与税,赠与税的税率与遗产税的税率是相同的。

一、房产税

为什么要关注房产税呢?广发银行联合西南财经大学发表的《2018 年中国城市家庭财富健康报告》针对全国 23 个城市的上万户家庭进行调研分析发现,在家庭资产配置中,房产占比 77%,金融资产占 11%,股票占比不到 2%。家庭资产配置中房产占比最大,因此必须关注房产税。

目前中国还没有征收房产税,我们可以参考已经开征房产税的国家。看看不懂房产税会产生什么的后果?曾经有一个案例影响很大,讲的是中国一个富豪购买美国房产的惨痛经历。[①]

一位中国富豪在美国购买了 20 栋别墅,但因不懂美国房产税的法律,结果 4 栋被拍卖,儿子继承另外的 16 栋也很难,其家人吃尽了美国高额房产税的苦头。

王君(化名)的父亲是一位民营企业家,曾在 2009 年以个人名义在美国各地买下 20 栋别墅,其中包括纽约(房市)州的 2 栋。不幸的是,父亲的企业于 2012 年倒闭,国内的房产和存款均被查封抵债。父亲也因病去世。一直没有稳定工作的王君一时想起了父亲在美国购置的 20 栋别墅,本以为能保自己一世衣食无忧。但就在他想要继承这笔巨额遗产时,却意外地发现,父亲在纽约州和马

---

① 北美购房网,中国土豪不懂美国房产税 4 栋别墅被拍卖!房产税这些硬知识一定要懂!https://www.beimeigoufang.com/newsd/newsdetail_381663.html。

萨诸塞州的别墅已经成为别人的家。

原来，王君的父亲在购买上述房产后并没有安排当地中介照料，结果因拖欠多年的房产税而被政府拍卖掉，父亲当初巨额的投资就这样毁于一旦。这 20 栋别墅，4 栋被拍卖了不说，剩下的 16 栋要想继承也很难。王君的父亲因为没有美国身份，若想继承父亲的遗产，王君需要支付高达 40% 的遗产税。

这个例子充分说明，在美国买房，了解房产税及其他税务非常重要。买了房子，并不代表就能保住房子。业主如果因为种种原因长期拖欠房产税，后果会非常严重，甚至会导致失去房产。在房产税高居不下的纽约更是如此。

在美国，房产登记并征收房产税至少已经有 150 年的历史。美国南北战争以后，房产税始终是州级以下的地方政府的主要财政来源。如表 5-3 所示，美国各州平均房地产的税率大致为 1%~2%。

表 5-3　美国各州平均房地产税率

州名 State	平均房产税税率（%） Average Property Tax Rate
Unlted States	1.38
Alaska 阿拉斯加——AK	1.80
Alabama 阿拉巴马——AL	0.65
Arkansas 阿肯色——AR	0.88
Arlzona 亚利桑那——AZ	1.21
California 加利福尼亚——CA	0.68
Colorado 科罗拉多——CO	1.08
Connecticut 康涅狄格——CT	1.72
Distrlct of Columbla 华盛顿——DC	1.31
Delaware 特拉华——DE	0.68
Florida 佛罗里达——FL	1.20
Georgia 佐治亚——GA	1.52
Hawaii 夏威夷——HI	0.40

续表

州名 State	平均房产税税率（%） Average Property Tax Rate
Iowa 艾奥瓦——IA	2.15
Idaho 爱达荷——ID	1.42
Illinois 伊利诺伊——IL	1.79
Indiana 印第安纳——IN	2.12
Kansas 堪萨斯——KS	2.09
Kentucky 肯塔基——KY	0.96
Louisiana 路易斯安那——LA	1.02
Massachusetts 马萨诸塞——MA	1.07
Maryland 马里兰——MD	1.06
Maine 缅因——ME	1.75
Michigan 密歇根——MI	1.91
Minnesota 明尼苏达——MN	1.27
Missour 密苏里——MO	1.42
Mississippi 密西西比——NS	1.44
Montana 蒙大拿——MT	1.65
North Carolina 北卡罗纳——NC	1.10
North Dakota 北达科他——ND	1.84
Nebraska 内布拉斯加——NE	2.15
New Hampshire 新罕布什尔——NH	2.21
New Jersey 新泽西——NJ	1.78
New Mexico 新墨西哥——NM	0.72
Nevada 内华达——NV	0.83
New York 纽约——NY	1.76
Ohio 俄亥俄——OH	1.81
Oklahoma 俄克拉荷马——OK	1.03
Oregon 俄勒冈——CR	1.22
Pennsylvania 宾夕法尼亚——PA	1.70
Rhode Island 罗得岛——RI	1.52

续表

州名 State	平均房产税税率（%） Average Property Tax Rate
South Carolina 南卡罗来纳——SC	1.38
South Dakota 南达科他——SD	1.96
Tennessee 田纳西——TN	1.07
Texas 得克萨斯——TX	2.57
Utah 犹他——UT	1.31
Virginia 弗吉尼亚——VA	1.12
Vermont 佛蒙特——VT	2.06
Washington 华盛顿——WA	1.13
Wisconsin 威斯康辛——WI	2.09
West Virginia 西弗吉尼亚——VA	0.95
Wyoming 怀俄明——WY	2.18

资料来源：北美购房网：房产税这些硬知识一定要懂！https：//www.beimeigoufang.com/newsd/newsdetail_381663.html。

在美国跟房产相关的其他税务成本还有以下几个，房产租金收入的预提所得税为 30%，房地产售卖的预提所得税为售价的 15%，外国人临终时拥有美国房地产，继承人缴纳的遗产税率是 40%。

在加拿大也不例外，以在温哥华持有房产为例，如果是外国人持有加拿大的房产，那么要按估值缴纳以下各个税种：交易税、外国买家税、地税、市政府的空置税、省府的投机税、特别学校税、市政费、公寓管理费，外国买家的税务成本非常高。如表 5-4 所示，对外国买家和当地买家的税务成本进行对比，结果一目了然。

表 5-4　加拿大外国买家和当地买家的税务成本对比

	加拿大税务居民	外国人
政府估值	$876.000	$ 876.000
交易税	$15.520	$15.520

续表

	加拿大税务居民	外国人
外国买家税	—	$175.200
地税/年 0.25%	$2.190	$2.190
市府空置税 1%	—	$8.760
省府投机税	—	$17.520
特别学校税（>3M）	—	—
市政费	$729	$729
公寓管理费	$3.840	$3.840
一次性买入成本	$891.520	$1066.720
每年成本	$2.919	$29.199
租金收入/年	$30.000	$30.000
租金净收入/年	2.6%/年	0.54%/年

资料来源：Joey Zhang：《全球投资趋势》，恒通研究院2017年CFWA教材。

中国房产税虽然没有开征，但开征也仅是时间问题，关于房产税即将开征的消息层出不穷，充斥各个媒体，以下援引华律网关于房产税的整理[①]。

2014年1月1日起，房产税新规出台，具体细则为：对拥有2套住宅的家庭，人均建筑面积80平方米以上部分，视为奢侈性住宅消费，每年征收1%~3%的房产税，且没有减除额；家庭第3套住宅，每年征收4%~5%的房产税，且没有减除额；家庭第4套及以上住宅，每年征收10%的房产税，且没有减除额。

财政部、国家税务总局、住建部联合发布通知，作出如下细化规定：

（1）对奢侈性住宅转让后的增值收益，一律征收20%个人所

---

① 2014年房产税新政策，https：//www.66law.cn/laws/119708.aspx。

得税。由财政部、国家税务总局发出通知，2014 年 1 月 1 日起，对家庭人均建筑面积 80 平方米以上的住宅，转让后的增值收益部分（指房产的转让价减去原购买价），一律按 20% 的税率一次性征收个人所得税，但是，该房产此前已缴交的房产税，可以抵扣房产转让增值收益部分应缴纳的个人所得税，若该房产累计已缴交的房产税超出此次应缴纳的个人所得税，则该项个人所得税视为零；对转让家庭人均建筑面积 80 平方米以内的住宅，按转让收入的 1% 征收个人所得税，抵扣方法如上；转让家庭唯一住宅且居住 5 年以上的，免征个人所得税。

对转让商业房产的，按转让收入的 1% 征收个人所得税，抵扣方法如上。

（2）转让家庭人均建筑面积 80 平方米以上的住宅，房主找不到原始购房发票的，税务机关委托拥有国家一级资质的房地产评估机构（建立机构名库随机抽取），参照有市场成交记录的同地段同类房屋，或查阅当地住房信息系统，对其房产的原购买价进行评估，作为计税依据。从低收取评估费，但评估费用由卖房人承担，作为丢失原始购房发票的惩罚。

（3）当地政府每年公布分类住宅的市场指导价（即房产现值），成交价明显低于市场指导价的，以市场指导价作为房产税的计税依据（类似北京、深圳、成都等城市现在执行的二手房过户指导价）。

（4）个人出租住宅，其租金收入须按 20% 缴纳个人所得税；个人或企事业单位的经营性房产（商铺、写字楼、酒店等），按租金收入的 12% 缴交房产税，税务部门另有规定的从其规定。

（5）取消现行对转让个人住宅征收 5.5% 营业税的规定。

（6）房产所有人（业主）必须持有以上所有完税证明，房屋权属管理部门方可为其办理房产过户手续。

（7）各城镇的房产税收入和个人转让住宅增值收益的个人所得税收入，由地方政府支配，专项用于保障房建设；盈余部分拟用于其他社会保障类支出的，须经省级人民政府批准，并报中央政府主管部门备案。

二、遗产税

各个国家的房地产，不管是在取得环节、持有环节，还是在出售环节、继承环节，每一个环节都是有税的，这是地方政府财政收入的主要来源之一。从遗产税的角度来看，全球 2/3 的国家或地区征收遗产税，征税的原则有的按照属地原则，有的按照属地兼属人原则（见表 5-5）。

表 5-5　各国或地区的遗产税征税原则

国家或地区	征税原则	个人所得税	资本利得税	遗产税
中国	属地 + 属人	最高 45%	证券投资 20%	未来很有可能
美国	属地 + 属人	联邦最高 40%	20%	40%~50%
新加坡	属地	最高 20%	已废止	已废止
中国香港	属地	17%	已废止	已废止
加拿大	属地 + 属人	联邦最高 29%	资本利得 50%	0
澳大利亚	属地 + 属人	最高 45%	按一般所得税	0
新西兰	属地 + 属人	最高 33%	0	最高 25%

遗产税最高边际税率在 40%~50% 的国家有英国、美国、捷克、芬兰、冰岛、卢森堡。最高边际税率达到 50% 以上的国家有瑞典、奥地利、比利时、法国、德国、希腊、日本、韩国、荷兰和葡萄牙。

开征遗产税可节约资本，平均社会财富，减少社会浪费，提倡劳动所得，增加国库收入，补充所得税的不足。遗产税最早产生于 4000 多年前的古埃及，出于筹措军费的需要，埃及法老胡夫开征了遗产税。近代遗产税始征于 1598 年的荷兰，其后英国、法国、德国、日本、美国等国相继开征了遗产税。

中国遗产税开征是大势所趋。北京师范大学中国收入分配研究院报告建议遗产税 500 万元起征，认为"我国征收遗产税的条件已经具备"，而且开征遗产税"有利于富二代自立"。

中国早在民国时期 1940 年 7 月 1 日正式开征过遗产税。中华人民共和国成立后，1950 年通过的《全国税政实施要则》将遗产税作为拟开征的税种之一，但限于当时的条件未予开征。1994 年的新税制改革将遗产税列为国家可能开征的税种之一。1996 年全国人大批准了《国民经济和社会发展"九五"计划和 2010 年远景目标纲要》，纲要中提出"逐步开征遗产税和赠与税"。

目前在我国没有遗产税的相关正式法律文件，也就是说我国还没有开征遗产税。仅有的《中华人民共和国遗产税暂行条例（草案）》还处于征求意见中。国务院批转的《关于深化收入分配制度改革的若干意见》中曾要求，研究在适当时期开征遗产税问题。

遗产税的计算公式为：应征遗产税税额＝应征税遗产净额 × 适用税率 - 速算扣除数。遗产税的免征额及允许扣除项目的金额标准，由国务院根据社会经济发展变化情况适时进行调整。

遗产税五级超额累进税率主要是：不超过 80 万元的，税率为 0；超过 80 万元的部分 0~50 万元、50 万 ~200 万元、200 万 ~500 万元、500 万 ~1000 万元以及超过 1000 万元的适用税率分别为 10%、20%、30%、40%、50%，对应的速算扣除数分别为 5 万元、25 万元、75 万元、175 万元。

我们模拟一下，如果遗产总额是 3000 万元，遗产税依照《中华人民共和国遗产税暂行条例（草案）》的遗产税五级超额累计税率表计算征收，该交多少遗产税呢？

如表 5-6 所示，模拟计算结果为应缴遗产税 1034 万元。需要注意的是：1034 万元的遗产税不是最大的问题，最大的问题是需要以现金支付。但是很少有家庭能储备这么大笔的现金。如果被继承人过世时名下有大量财产，而继承人又无现金，那么继承将会变得很艰难。

表 5-6 遗产税五级超额累计税率

五级累进制	每级净额	适用税率	税额	速算扣除	此档遗产税	累计遗产税	综合税率
80 万元	80 万元	0	0	0	0	0	0
200 万元	120 万元	20%	24	5	19	19	9.5%
500 万元	300 万元	30%	90	25	65	84	16.8%
1000 万元	500 万元	40%	200	75	125	209	20.9%
1000 万元以上	2000 万元	50%	1000	175	825	1034	34.5%

案例

赫斯特城堡的继承灾难

美国加州一号公路旁有个赫斯古堡，是当地著名的旅游景点。赫斯古堡是 20 世纪美国报业大亨威廉·蓝道夫·赫斯特在加利福尼亚州圣西蒙附近滨海的一座小山上建造的，这座私人庄园占地超过 8300 平方米，1919 年开始规划建设，直到 1947 年才基本建成。庄园的建筑混合着欧洲和地中海建筑风格，其丰富的收藏具有极高的艺术价值，并且还有电影院和动物园，可谓极尽奢华。如今，该城堡作为加州的州立历史公园对游客开放。

为什么这个价值连城的古堡没有传承给后代呢？背后的故事令人心酸。城堡的主人赫斯特死后，除了企业和古堡，并没有给家人留下很多其他的钱财。由于失去了控制权，企业不在其子女手里，面对巨额遗产的继承，赫斯特的老婆孩子竟然连遗产税律师费都交不起，最终由于难以承受高额的遗产税，其家族于 1957 年将城堡及附近庄园捐献给加州政府。

同样的事情也曾在日本发生，如果中国开征遗产税，估计也不例外。

在上文我们做的遗产税模拟计算案例中，3000 万元遗产要缴纳 1034 万元的税金，且不说筹集税金有多难，即使能够拿得出 1034 万元现金缴税，最终也只能继承 1966 万元，继承的财富大打折扣。有没有好的方法，能够既合理又合法地解决这一问题呢？

如图 5-4 所示，如果被继承人提早利用人寿保险进行税务规划，结果可能大不一样。举例来说，被继承人用 500 万元为自己投保带有增值功能的终身寿险，指定自己的孩子为身故受益人；3000 万元减掉 500 万元保费，还剩 2500 万元留作遗产，2500 万元的遗产需要缴纳 784 万元的遗产税。未来当他身故时，身故保险金（假设此时身故保险金账户余额达到 1500 万元）将直接 0 成本支付给受益人，不需要缴纳遗产税（因为根据《中华人民共和国保险法》规定，保险金不计入被保险人的遗产）。拿到 1500 万元保险金，就可以轻松缴纳 784 万元税金，还剩 716 万元，加上 2500 万元遗产，实际传承所得 3216 万元。

不做筹划	税务筹划（利用人寿保险）
·3000万元资产全部作为遗产	·500万元购买保险+资产2500万元留作遗产
·扣除1034万元税金	·1500万元保险金给付受益人–784万元税金
·继承1966万元	·传承3216万元

图 5-4　是否筹划对比

由此可见，利用寿险做遗产税筹划具有两大价值：一是轻松解决遗产税所需巨额现金问题；二是通过保险的杠杆作用放大资产，代际财富传承可以做到传承得越来越多。

500 万元的保费与 1500 万元的身故保额之间的差额就是保险的杠杆。如果这 1000 万元的差额通过企业创造，其税务成本包括"企业所得税 25%+ 个人所得税（20%~45%）＋遗产税"，税务成本会有多高可想而知!

图 5-5 为终身寿险遗产税筹划模型,受到越来越多高净值家庭的欢迎。

遗产税筹划前

遗产税筹划第一步:生前配置终身寿险,降低遗产税税基

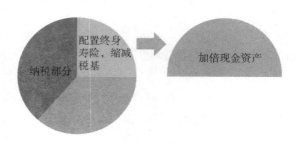

遗产税筹划第二步:被继承人身故,应税资产纳税,终身寿险赔付

图 5-5　终身寿险遗产税筹划模型

遗产税筹划第三步：保险赔付扣除保费支出并支付遗产税

遗产税筹划第四步：生前应税资产与身故实际纳税负担、实际传承资产

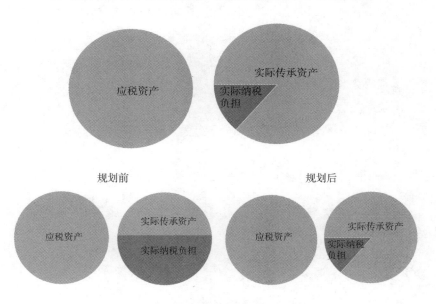

图 5-5　终身寿险遗产税筹划模型（续）

读到这里估计大家终于理解了为什么富豪爱买保险了吧。

从全球各国政府税务管理的实践角度来看，保险被赋予了税收方面的优惠待遇，保险相当于社会福利，购买保险相当于享受税收带来的社会福利，笔者整理了各国对于保单的税收待遇，希望对大家有用。

从税务角度看保险

在美国哪些保险收入免税？收益型保险项目收入不能免税；医疗保险、健康保险可以享受税收优惠。美国税法规定，满足条件的中低收入人群可以通过填写退税表，申请用自己缴纳的部分税费购买医疗及健康保险。如通过申请，联邦政府通过退税操作将用于购买医疗及健康保险的费用返还申请人。

人寿保险可以免税。[1] 人寿保险因被保险人正常死亡所收到的保险金可以免个人所得税，投保人与被保险人不是同一人则可以免遗产税；公司集体缴纳人寿保险时，如赔偿额在 5 万美元以内不计入员工收入，如赔偿额在 5 万美元以上，需要按照一定的方式计算员工的应税收入。

如图 5-6 所示，加拿大保险分为个人保单和公司保单两类。

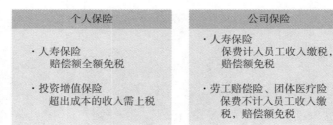

图 5-6　加拿大保险

在澳大利亚的资产申报方面，保险资产相对于其他资产同样具有很大的税务优惠，所得必须申报纳税有[2]：

（1）雇佣收入；

---

① https：//www.irs.gov/pub/irs-pdf/p525.pdf。

② 澳洲资产申报,https：//www.ato.gov.au/individuals/income-and-deductions/income-you-must-declare/investment-income/。

（2）养老金和政府支付；

（3）投资收入；

（4）经营、合伙和信托收入；

（5）外汇收入；

（6）集合基金收入；

（7）补偿金和保险支付、员工分享计划下的股份、奖金和奖励（但人寿保险赔偿金除外）。

中国香港仅对就在香港地区产生的收入进行申报，境外的一切财产和投融资均不需要进行申报，且仅对在香港地区产生的以下收入申报，人寿保险不在申报之列（见图5-7）。

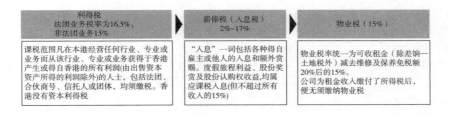

利得税 法团业务税率为16.5%，非法团业务15%	薪俸税（入息税） 2%~17%	物业税（15%）
课税范围凡在本港经营任何行业、专业或业务而从该行业、专业或业务获得于香港产生或得自香港的所有利润(由出售资本资产所得的利润除外)的人士，包括法团、合伙商号、信托人或团体，均须缴税。香港没有资本利得税	"入息"一词包括各种得自雇主或他人的入息和额外赏赐。度假旅程利益、股份奖赏及股份认购权收益,均属应课税入息(但不超过所有收入的15%)	物业税率统一为可收租金（除差饷—土地税外）减去维修及保养免税额20%后的15%。 公司为租金收入缴付了所得税后，便无须缴纳物业税

图5-7 中国香港地区收入税金

中国香港仅就来源地在香港地区的收入征收税金。任何人士，包括法团、合伙业务、受托人或团体，在香港地区经营行业、专业或业务而从该行业、专业或业务获得于香港地区产生或得自香港地区的应评税利润（售卖资本资产所得的利润除外），均须纳税。征税对象并无居港人士或非居港人士的分别。

居港人士得自海外的利润不必在香港地区纳税；非居港人士如赚取于香港地区产生的利润，则须纳税。

不同国家和地区关于保险的税收规定如表5-7所示。美国和加拿大的受益人纳税对比如表5-8所示。

表5-7　不同国家和地区关于保险的税收规定

国家或地区	关于保险的税收规定
美国	人寿保险赔偿金可以免税（但要注意安排投保人和被投保人） 医疗保险、健康保险可以享受税收优惠 收益型保险项目收入不能免税
加拿大	人寿保险，赔偿额全额免税 投资增值保险，超出成本的收入需上税
澳大利亚	补偿金和保险支付需要纳税，但人寿保险赔偿金免税，境外保险需要申报
中国香港	个人购买的保险及其收入不涉税
英国	国家保险收入要计入个人收入计征个人所得税

表5-8　美国和加拿大的受益人纳税对比

受益人国籍	生存受益年金	死亡赔偿金
美国	纳税	免遗产税，符合条件的情况下免征个人所得税；但美国人收到海外资产超过10万美元需要申报
加拿大	纳税	符合条件的情况下免个人所得税

　　"双高"人群移民以后，如果成了移民目的国的税务居民，之前购买的中国保险移民后同样适用各国税局关于保险的规定，看来不管移民还是不移民，买保险都是不错的选择。

第三节　家庭婚姻财富管理

　　朱柏庐在《朱子家训》中讲"嫁女择佳婿，毋索重聘；娶妇求淑，勿计厚奁"。"婿"就是女儿的丈夫，"佳婿"就是品行端正的丈夫。"索"是索取、索要，"聘"是聘礼、聘金。"淑女"就是指贤淑有德行的女子。"奁"是女子盛放梳妆用品的镜匣，在这里是泛指嫁妆，"厚奁"就是指丰厚的嫁妆。

这句话告诉我们一个道理：为子女找对象，要重视德行，而不能重视利益。为女儿找女婿，不要去追求男方很重的聘礼、聘金，孝顺、忠诚、善良，才是好男人最重要的标准。为儿子找媳妇，也不要去计较、去贪求女方的嫁妆，孝顺、贤惠，才是好妻子的标准。

过去人们生活水平普遍较低，即便拥有一些个人财产但是数量也不多，婚姻中对精神的追求高于对物质的追求；但随着中国经济的不断发展，人们拥有的婚前财产越来越多，婚姻越来越演变成一种财产关系，结婚不仅仅是情感上的结合，同时还意味着财产的混同，尽管没有一种结合比婚姻更深刻，但没有人应该因婚姻致富。

现代社会的离婚率越来越高，根据中商情报网 2019 年 12 月 24 日报道，民政部公布的数据显示，从 2003 年起，我国离婚率连续 15 年上涨，由 1987 年的 0.55‰上升为 2017 年的 3.2‰，而离婚时双方争议最大的问题之一就是财产问题。

网上曾经流传过一个搞笑的段子：

一个富豪要给太太买生日礼物，问："亲爱的，你想要一个钻戒还是一个包包？"

太太想了一会儿说："这两个我都不想要。"

富豪问："那你想要什么？"

太太说："……我……我想要离婚。"

富豪愣了一下说："亲爱的……你要的这个礼物太贵重了！"

离婚到底有多贵呢？我们不妨看一个案例。

发家于俄克拉荷马州的石油大亨哈罗德·哈姆，2014 年在福布斯排行榜上的资产高达 162 亿美元，拥有大陆资源公司 70% 的股权。2014 年哈罗德与结婚 26 年的发妻苏·安·哈姆离婚，2014 年 11 月 10 日公布的法庭文件显示，法官裁决哈罗德·哈姆向前妻支付 9.995 亿美元，尽管这和苏·安·哈姆提出的诉求相差很大，但这桩离婚案足以让苏·安·哈姆进入全美 100 名女富豪行列。这桩离婚案不仅导致哈罗德·哈姆的财产蒸发一半，还对公司的绝对控股能力也处于"危险之中"。

中国新贵离婚案涉及财产数额之巨，剧情之跌宕起伏，让人瞠目结舌。与其到时双方为财产的所有权争执不休，不如未雨绸缪婚前做好规划。一旦婚姻不幸走到了尽头，双方可以免去很多不必要的纷争。

恋爱过程中的财富风险管理

男女双方在恋爱过程中的馈赠，会分为无条件的赠与和附条件的赠与。如果是出于礼节、礼仪、爱意的表达，而并不是以结婚为目的的馈赠，比如赠送的化妆品、包包、衣物等生活用品或小额礼物，一般被认定为一方对另一方无条件的赠与，如果最后恋爱不成分手了，给了就给了，即使闹到法院也无法支持返还要求。

如果是以结婚为目的的赠送，比如结婚钻戒、订婚彩礼等，就是"附条件的赠与"。赠送对方礼物是以结婚为目的的，对于"附条件的赠与"，如果赠与条件未能达成，赠与一方可以撤销。

在恋爱中的财富风险管理，应注意以下几个方面：

（1）理性馈赠和接受礼物。如果是无条件的赠与，无论金额大小，一旦给了，就拿不回来了；如果是以结婚为目的的赠与，即使双方关系破裂时，因为是附条件的赠与，赠与方可以要求返还。因此，婚前交往过程中，不管是自己馈赠礼物还是接收礼物，都要尽量理性。

（2）资金往来要有证据意识。数额较大的钱款往来要避免现金给付，而是采取银行转账的方式，银行转账会留下记录，如果日后产生纠纷，对于出资事实有据可查。而现金给付，如果对方不认账，即使闹到法院也可能因为证据不足失败。

（3）婚前购房或购车要有书面约定。恋爱中感情到了一定程度，往往会不分彼此，共同买房、买车，没有任何书面约定，钱款混同，一旦分手，就会产生纠纷。除了上面讲的钱款往来要有证据意识外，这种大额支出还要有书面约定。

根据《中华人民共和国物权法》的规定，不动产物权的设立、变更、转让和消灭，经依法登记，才能发生效力。如果购房是在双方结婚登记之前，属于婚前房产，必须书面约定登记在何人名下。

汽车虽然是动产，也是经过登记才能对抗第三人，也要采取类似买房的办法，明确登记在谁的名下。如果没有明确约定，一方即使出资，法律最多保护其债权，无法保护其物权。

婚嫁时的财富风险管理

婚嫁（婚姻登记）时间是一个具有分水岭意义的时间，婚嫁时的财富风险主要体现在婚前财产和婚后财产的混同，即哪些财产归属夫妻共同财产[①]，哪些财产属于个人财产[②]的问题。在这道分水岭上的第一个问题是婚嫁彩礼嫁妆问题。

婚嫁彩礼嫁妆能否要回

按照中华民族的传统习俗，婚嫁之时男方送彩礼，女方陪嫁妆在今天也依然盛行。彩礼具有明显的习俗性。彩礼一旦给付无法要求返还，但是也有例外。《中华人民共和国婚姻法若干问题的解释（二）》第十条规定，在以下情况下，当事人可以请求返还彩礼：①双方未办理结婚登记手续；②双方办理结婚登记手续但确未共同生活的；③婚前给付并导致给付人生活困难的。后两种情况，在离

---

① 按照《中华人民共和国婚姻法》第十七条规定，夫妻在婚姻关系存续期间所得的下列财产，归夫妻共同所有：工资、奖金；生产经营收益；知识产权收益；继承或赠与所得的财产，但本法第十八条第三项规定的除外；其他应当归共同所有的财产。

关于知识产权问题，《婚姻法司法解释二》第十二条规定："婚姻法第十七条第三项规定的'知识产权的收益'，是指婚姻关系存续期间，实际取得或者已经明确可以取得的财产性收益。"

关于其他共同财产问题，《婚姻法司法解释二》第十一条规定："婚姻关系存续期间，下列财产属于婚姻法第十七条规定的'其他应当归共同所有的财产'：

（一）一方以个人财产投资取得的收益；（二）男女双方实际取得或者应当取得的住房补贴、住房公积金；(三)男女双方实际取得或者应当取得的养老保险金、破产安置补偿费。"

② 按照《中华人民共和国婚姻法》第十八条规定，有下列情形之一的，为夫妻一方的财产：一方的婚前财产；一方因身体受到伤害获得的医疗费、残疾人生活补助费等费用；遗嘱或赠与合同中确定只归夫或妻一方的财产；一方专用的生活用品；其他应当归一方的财产。

根据《中华人民共和国婚姻法若干问题解释（二）》第十三条的相关规定，军人的伤亡保险金、伤残补助金、医药生活补助费属于个人财产。根据《中华人民共和国婚姻法若干问题解释（三）》第五条的相关规定，夫妻一方个人财产在婚后产生的孳息和自然增值属于个人财产。根据《中华人民共和国婚姻法若干问题解释（三）》第十三条的相关规定，离婚时夫妻一方尚未退休、不符合领取养老保险金条件的，该养老保险金为个人财产。

婚时提出返还彩礼，法院应当支持。也就是说，若两人已结婚并共同生活，且一方没有生活困难的，不可以要求返还彩礼。

如果说彩礼是不得已的行为，那么嫁妆更多的是女方父母的自愿赠与行为，问题在于是对女方的赠与还是对双方的赠与。实践中看，这取决于嫁妆给付的时间。一般而言，结婚登记前的陪嫁应认定为女方家人对女方的个人赠与；登记结婚后给付的，则会被法院认定为对夫妻双方的共同赠与，但夫妻双方有约定的除外，有约定，则按约定确定。

婚前财产的婚后收益，属于个人财产还是共同财产？

根据《中华人民共和国婚姻法若干问题的解释（三）》第五条的相关规定，夫妻一方个人财产在婚后产生的收益，除孳息和自然增值外，应认定为夫妻共同财产。也就是说，婚前财产在婚后产生的孳息和自然增值，属于个人财产，但其他收益均属于夫妻共同财产。

什么是孳息和自然增值呢？

所谓孳息是指从原物中产生的收益，分为天然孳息与法定孳息两种。依照物的自然性质而产生的收益物称为天然孳息，比如植物结出的果实、动物的产物（如鸡蛋、羊毛）；依照法律关系产生的收益为法定孳息，比如存款利息、有价证券收益、未经共同经营管理的房屋租金等收入。

所谓自然增值是指该增值发生的原因是因自然因素，比如通货膨胀或市场行情的变化而致，与夫妻一方或双方是否为该财产投入物资、劳动、努力、投资、管理无关。比如，夫妻一方个人婚前所有的房屋、股权、字画、珠宝、黄金等随着市场价格的上涨而产生的增值。若夫妻一方的婚前个人所有的房屋因另一方在婚姻关系存续期间对该房屋的修缮、装修而产生的增值部分则不属于自然增值。

图5-8做了一个简明的总结，对于孳息、增值和投资收益所产

生的价值归属进行明确的判断。

图5-8 婚前财产婚后的价值归属

因此，一方个人财产在婚后产生的收益一般而言是夫妻共同财产，但是孳息和自然增值是两个例外情形。

婚前开办公司婚后产生的利润，属于个人财产还是共同财产？

根据《中华人民共和国婚姻法》第十七条第一款第二项的相关规定，夫妻在婚姻关系存续期间的生产、经营收益归夫妻共同所有。

也就是说，婚前开办公司婚后产生的利润是否属于夫妻共同财产取决于是否生产、经营收益。一方在婚前开办公司，该公司在婚后产生的利润，属于投资经营收益，若收益尚未由企业分配给股东，则属于企业财产；若利润分配给股东个人，即分配给婚前出资开办公司的一方，则属于夫妻共同财产。

2015年8月8日，京东原董事长兼CEO刘强东与"奶茶妹妹"章泽天领证结婚时，京东集团的财报宣布：董事会当年5月已批准针对公司董事长兼CEO刘强东的一项为期10年的薪酬计划。根据该计划，刘强东在计划规定的10年内，每年基本工资为1元，且没有现金奖励，同时授予刘强东2600万股A股股权（当时价值26.5亿元），在该10年期限内，公司不得再向刘强东授予额外股权。

当时大多数人将这份薪酬计划解读为：刘强东提前透支了自己10年的薪水和奖金，价值26.5亿元，而未来10年收入几乎为0。这也就意味着，这26.5亿元是婚前财产，在无赠与的情况下，如果两人因感情不好分道扬镳，那么这26.5亿元与"奶茶妹妹"毫无关系。

其实不然，京东分配给刘强东个人的股权，属于分配给婚前出资开办公司的一方，属于夫妻共同财产。

子女结婚父母如何提供财富支持？

有条件的父母，在子女结婚时给他们提供财富支持是非常常见的，这既是父母情意的表达，也是转移部分财富，实现财富传承目的的方法。问题在于给什么，怎么给。

父母常常在子女婚前赠与房产，很多律师朋友都会给出如下建议：

第一，若是婚前赠与，房产要登记在自己子女一人名下，保管好支付凭证[①]。如有可能，最好父母持有一定份额，比如父母占1%，子女占99%。

第二，若是婚后赠与，房产无论登记在夫妻双方任意一方的名下，都有可能属于夫妻共同财产。根据《中华人民共和国婚姻法若干问题的解释（三）》的规定，婚后父母为自己子女购买的不动产，产权登记在子女名下的，视为只对自己子女的赠与，房产属于夫妻一方的个人财产。如果是双方父母出资购买且登记在一方子女名下

---

① 保留支付凭证是非常重要的。在购买如存款、股票、基金、理财或保险等产品时，要保留清晰的资金流向和银行支付的凭据。在购买字画、收藏、金银首饰或其他贵重物品时，也要保留购买票据或者照片和视频资料等。

的，房产将按照各自父母的出资份额按份共有。

婚后一方父母为子女购置房产时，若出全资购买且只登记为自己子女一方所有时，房产就属于子女的个人财产而非夫妻共同财产。若贷款购房，另一方对婚后还贷的一半及相应增值部分可以主张权利。

但是问题在于，不管怎么安排，只要结婚以后，夫妻双方一旦决定把婚房卖掉，并重新再买一套，那么也就成为夫妻共同财产了。

如果父母给的是现金或者银行卡，只要资金混同就会变成夫妻共同财产，比如说共同投资理财、相互之间的账户往来、往对方父母赠与的账户存钱等。

如果父母给的是股权，在前面的篇章中已经讲过，股权登记在个人名下，但股权的收益权、分红权等收益，只要分配给股东个人，还是夫妻共同财产。尽管有的律师朋友会建议，将家族企业股权传给子女的时候，先签订隐名股东或股权代持协议，待婚姻稳定后再登记变更股权，但最终还是解决不了夫妻共同财产的问题。

所以，采取婚前财产与婚后财产的有效隔离措施非常重要，不妨试试保险这种金融工具。

婚前财产与婚后财产的有效隔离

如果要避免对子女的财富支持演变成夫妻共同财产，我们不妨试试保险，但需要注意以下两点：

第一，保费要为婚前财产，保费要在结婚之前全部缴完。

第二，保险的婚后增值属于自然增值，属于个人财产，而不是夫妻共同财产。

保险是如何做到有效隔离的呢？因为保险是属于"三权"分离

的资产。

　　保险的"三权"指的是保单的所有权、收益权和受益权。保单的所有权归属投保人，保单的收益权归属被保险人（被保险人为保单的生存受益人），保单的受益权归属受益人。如果按照"三权"分离的原则进行投保，将能很有效地进行婚前和婚后财产的隔离（见图 5-9）。

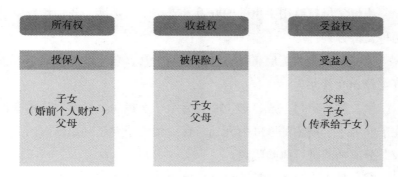

图 5-9　保险的"三权"关系

笔者推荐三种方式进行投保：

　　第一种方式是父母做投保人，所有权归父母，保单不属于子女，也就不会因其婚变导致财产被分；子女做被保险人，享受保险收益权，即父母把钱留给子女花；父母做受益人，万一子女提早身故，保险金回到父母手里。

　　第二种方式是父母婚前把钱赠与子女，子女自己做投保人（尽量婚前完成交费），所有权归子女，婚前交费完毕，该保单属于子女婚前财产，且不易混同；子女做被保险人，享受保险收益权，即把钱留给自己；万一子女提早身故，保险金回到父母手里。

　　第三种方式是父母做投保人，所有权归父母；父母做被保险人，享受保险收益权，即把钱留给自己花；子女做受益人，父母花不了的部分，以保险受益金的方式将资产传承给子女，身故受益金归属子女个人，优于遗产继承（如无遗嘱明确指定，婚姻存续期间继承所得财产,为夫妻共同财产)。

这三种方式都能实现同样的效果,那就是"钱只留给自己的子女"。

那有没有一种两全其美的办法,既做到给子女买房买车,表达父母对子女婚姻的祝福,同时又做到主要资产的风险隔离,只给到自己的子女呢?

假设父母打算用手里的 500 万元支持子女婚姻,我们比较以下两种支持方案:

第一种,全款买房买车,婚前赠与子女,登记在子女名下,正好花掉 500 万元。

第二种,首付三成,即 150 万元给子女买房、买车,婚前登记在子女名下,剩下的 350 万元通过保险留给子女,利用保险的"三权"分离功能进行风险隔离。

第一种方案最大的风险前文已经提过,就是婚后子女换房,就会变成夫妻共同财产,如果没有发生这种风险,父母赠与子女的也仅仅是房子、车子。

第二种方案分两步走:第一步,父母首付 3 成,即 150 万元买房、买车,将房和车登记在子女名下。第二步,父母用剩下的 350 万元买分红型年金险,父母做投保人,每年领保险分红的钱,保单的分红帮子女还房贷;子女作为被保险人,领生存金;父母做受益人,保险收益留给自己做养老金。如果父母不需要这笔钱做养老金,那么就让子女做受益人,将财富传承给自己的子女,恩泽子孙,也是不错的选择(见图 5-21)。

通过第二种方案的两步走模式,既能实现买房、买车赠与子女,又能实现财富的有效风险隔离,两全其美,岂不乐哉!

第一步：首付买房、买车,登记在子女名下
第二步：买年金险

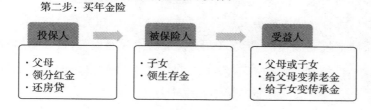

投保人	被保险人	受益人
·父母 ·领分红金 ·还房贷	·子女 ·领生存金	·父母或子女 ·给父母变养老金 ·给子女变传承金

图 5-10　第二种方案

保险是一种什么样的资产呢？保险，买的时候用不到，用的时候买不到，全靠提前规划；而婚姻呢，能规划时不好开口，能开口时不好规划。把保险与婚姻结合起来，用保险做婚姻财富规划，做婚前和婚后的财产隔离，既能开口又能规划，两全其美！记住一句话："保险不仅是产品，更是隔离风险的资产持有架构。"

真爱是婚姻最稀缺的资产，婚姻是人一生最重要的投资，俗称"第二次投胎"。人一生最好的投资不是房子，不是黄金，也不是股票，而是一个如意配偶。如意配偶，既是选择出来的，更是制度保障出来的。

第四节　家庭债务风险管理

众所周知，每年的富豪榜都会更新，想必大家都很羡慕上榜的富豪，但其实这些富豪的身价并非实际财富，富豪们也并没有那么在意，因为这些身价只不过是"纸上财富"而已，存在很大的不确定性，为什么呢？

福布斯和胡润财富排行榜统计的个人财富中，最大一块是股权资产，而且该资产的价值是按未变现的股票市值来计算的。将股权资产全部换取现金不是一件很容易的事，由于股价涨跌对入榜人的身价影响很大，很多入榜的富豪常常觉得自己的真实财产并没有这么多，还有一些上榜者其实已经负债累累。比如贾跃亭，他以前是富豪榜上排名前十的人物，而随着乐视的"崩塌"，贾跃亭也成了"老赖"，现在只能躲在海外了，曾经的上榜富豪，现在却负债累累，上亿身价或许只是"镜中花水中月"。

不仅富豪们如此，那些拥有企业的"双高"人群何尝不是如此，一旦公司运营不好，万千身家一夕之间归零，甚至还会背上很多债务。

民企融资难下的"中国式债务"

民企融资难，难在何处？[①] 在全国民营企业座谈会上，企业家们倾吐了他们在发展中所遇到的各种困难，而其中最大的困难就是融资。这个问题惊动了中央，2018 年中央经济工作会议再次强调要改善货币政策传导机制，提高直接融资比重，解决好民营企业和

① 一是部分大型民企体现为高杠杆下的融资难。难在其非理性扩张、新项目掩盖旧项目等问题突出，经济上行期尚能周转，一旦外部环境变化就会陷入财务困境，"抽贷""断贷"导致其资金链断裂，出现流动性问题。

二是部分中小企业因经营困难融资难。难在因为国内经济增长速度放缓、经济发展方式转型、国际贸易摩擦等经济大环境因素，销售额大幅下滑、利润不足，银行根据其经营状况和风险程度，往往难以追加贷款，甚至需压缩贷款额度。

三是部分企业面临市场出清融资难。一部分过剩产能、落后生产力面临市场出清，不符合银行信贷投向的趋势和原则。

四是小微企业"担保"难。相当一部分小微企业因房地产等可抵押物证照不齐或不合法，无法作为合格抵押物获得银行融资。

五是短贷长用，企业转贷难。一些小微企业存在建设厂房、购置设备扩大再生产等中长期融资需求，但银行相应的融资产品相对匮乏，或者虽有产品但准入条件较高，供需矛盾形成短贷长用现象。此外，受经济下行影响，部分大型企业也出现资金周转减速的情况，延长了占用交易链上小微企业货款的时间，一定程度上加剧了小微企业资金困难。

六是难在小微信贷业务经营成本普遍较高，银行资金成本与实际经营风险不匹配。

小微企业融资难、融资贵问题。

有一家民营企业家在会上讲，"公司在上市之前，找银行贷款非常难，手续复杂，利率还高。但在上市以后，情况就完全逆转了。上市之后除了工商银行，几乎所有的银行都来了，我天天得进行接待工作"。

因为民企融资难，所以融资的过程中可能就要接受一些不合理的条款，再加上民企自身法律意识薄弱，很容易导致企业家个人和家庭承担债务连带责任。

连带责任主要表现在以下几个方面：①企业主以企业名义借款，但资金用于个人的，企业主和企业应承担连带责任；②企业主为企业经营，通过民间借贷融通资金，给企业使用的，企业主和企业应承担连带责任；③债务融资——保证担保的无限连带责任；④企业主签署对赌协议，以个人名义承诺保障外部投资者资金安全／退出；⑤注册企业出资不实，破产清算时个人需补足欠款；⑥公司股东滥用公司法人独立地位和股东有限责任，逃避债务，严重损害公司债权人利益的，应当对公司债务承担连带责任；⑦家业、企业财产混同，公司的财产与资金属于公司所有，只有公司才能处置自己的财产。股东个人不能处分公司财产成为自己的财产，否则就有股东涉嫌刑事犯罪①的可能。

"感情深" = "可担保" 吗？

在感情的世界里，我们有时候都单纯地像个孩子。在这个繁华紧张的城市，好人很多，坏人也不少。当遇到朋友找你担保时，

---

① 根据《中华人民共和国刑法》第二百七十一条的规定："公司、企业或者其他单位的人员，利用职务上的便利，将本单位财物非法占为己有，数额较大的，处五年以下有期徒刑或者拘役；数额巨大的，处五年以上有期徒刑，可以并处没收财产。"

千万别碍于面子，不忍拒绝又担惊受怕，务必慎重再慎重……这事儿，还得从两个真实的案例说起：

案例一

小江是一个忠诚憨厚的小伙子，大学毕业没两年，父母给解决了房子和车子的问题，生活过得安然舒适。一天，小江的同学海东找到了他，和他谈起自己正在创建公司的设想。整个宏伟蓝图围绕着互联网的东风展开，计划制作一个网购商品的测评网站，为网购消费者提供指导。根据目前中国网购人群的消费量，海东计划1年内实现盈利100万元，3年内实现上市计划。

在啤酒和烤串的作用下，小江听得是云里雾里。这时，海东提出了一个大胆的想法，就是小江以参股的形式加入到公司。小江说："东哥，你可别拿我开涮了，我连启动资金都没有啊。"海东嘿嘿一笑，说，"兄弟，你可以帮我作担保啊。抵押你的房子做贷款，我算你是第二大股东。我这边生意一运转上线，资金就流动起来了。经过测算，保持正常的广告收入是没啥太大问题的。况且贷款人是我，你怕啥。有哥吃的，就有你的。"

2个月后，房屋抵押贷款50万元到账。半年后，由于对市场没有正确的研判和资源，海东的公司并没有实现预期的盈利，始终入不敷出，甚至连水电煤气费都交不起。公司宣布破产，小江成为连带责任人。最终，房屋被银行回收，小江不但没有获利一分，还赔掉了打算用来结婚的房子。正所谓是赔了夫人又折兵、竹篮打水一场空。

案例二

老王的邻居想买一辆二手货车跑长途，由于自己拿不出20万元，只得进行贷款。但是银行审核其资质不达标准，要求老王至少找三人进行担保贷款。老王无奈之下，找到三个邻居帮忙。由于都是 20 多年的老邻居，感情深厚，虽然也都心存疑虑，但碍于情面，就都出面为其办理了担保手续。

不久后，老王在一次运输途中，不幸遭遇车祸意外身亡。由于事故属于双方责任，老王之前又没有给自己办理任何保险，所以赔偿金额寥寥无几。老王的妻儿生活举步维艰。但贷款偿还不等人，三个担保人最终被银行起诉告上法庭。经过法院判决，其三人承担连带还款责任，需要偿付本金及利息 20 万元人民币。

其实，在现实生活中，案例的复杂性远超电视连续剧。还有很多担保的案例，我们无法一一列举，但这些案例有一个共同点，就是"感情绑架"。这些感情包括：亲戚之情、兄弟之情、同学之情等。很多担保人之所以担保或碍于面子或心肠太软。

我们就来简单了解一下什么是"担保"？

最常见的担保有两种：①财产（如房产）提供担保；②用个人信用提供担保。

担保方式分为一般保证和连带责任保证：

（1）一般保证：在主合同纠纷未经审判或者仲裁时，可以拒绝承担保证责任。但要在担保协议中，明确写明"承担一般保证责任"。

（2）连带责任保证：在主合同规定的债务履行期届满没有履行债务的，债权人可以要求债务人履行债务，也可以要求保证人在其保证范围内承担保证责任。

担保与借款中需要关注的问题有以下三个：

（1）房屋抵押贷款率一般为 50%~70%。假设房屋价值 60 万元，抵押贷款一般只能贷到 30 万 ~42 万元。房子被收走，清算拍卖后扣除银行欠款及拍卖金，其他金额归还借款人。

（2）如果是纯"借款"关系，务必要写"欠条"。同时，请了解：借款合同有两年的"保质期"，起诉时间不要超过还款时间 2 年。如果多次催讨欠款，请务必把催债过程留好证据。

因为催讨有权重新计算借款合同的"保质期",即两年之内如果有证据证明出借人向借款人催讨过,这两年的期限就要重新起算。

（3）借款人有权利可以提前申请"财产保全",目的就是防止债务人在诉讼过程中转移财产,出现最终官司打赢后,申请人得不到赔偿的情况。

有时候,我们也解释不了感情中夹杂的金钱困惑,只能用"可怜之人必有可恨之处"来自圆其说。但我想说,人生没有彩排,感情也没法用金钱来替代。在没有能力和权力来承担一份责任时,懂得拒绝,也是一门人生必修课。

如何隔离家庭债务风险

不管是企业主的连带责任,还是普通家庭的对外担保,都成了不少家庭的潜在债务威胁,一旦风险发生,个人和家庭财富灰飞烟灭,因此,未雨绸缪,在风险发生前进行有效的债务隔离就变得非常重要。

资产代持,避险反入险

所谓债务隔离,就是要在家庭资产和企业资产之间树立一道"防火墙",方法之一就是资产代持,据招商银行和贝恩公司发布的《2017 中国私人财富报告》报告显示,2016 年中国的超高净值人群中企业家、职业金领和职业投资人的比例高达 85%,各家财富机构在面对这几类客户群体时发现,他们中的很大一部分都存在资产代持行为。

资产代持真的靠谱吗?如图 5-11 所示,在笔者看来,资产代持存在四大严重风险。

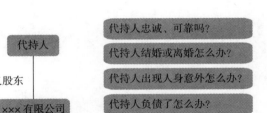

图 5-11 资产代持存在的四大严重风险

第一，代持人不忠风险（即道德风险）。资产实际所有人出于安全的考虑，往往会寻找信任的第三方如亲属、朋友甚至于公司的财务等代持资产，认为这些代持人忠诚可靠，资产放在他们那里不会有什么大的风险。其实这种类型的代持只是考虑了道德的因素，而人性往往是不可控的，在大环境的影响下背叛的风险必然造成资产被侵占的结果。

在实际案例当中，我们会发现，委托人通常不会跟代持人签法律文件。如图 5-12 所示，就算有协议，一般的代持协议法律效力较低甚至还会出现订立的内容无效的情况。因此，如果代持人真的把这个代持的资产据为己有，可能委托人本身没有任何的证据能够把资产要回来。

好的代持结构是用法人、机构来代替自然人的代持。比如选择专业的资产管理公司来持有股权，或者选择境外免税地区设立离岸公司，通过层层设计的股权结构来持有股权。

第二，代持人婚变风险。王某甲与王某乙等 5 人签订代持股协议书，由王某甲代为持有。王某甲与其妻子刘某离婚时其名下材料公司的股权分割发生纠纷，刘某明知该代持情形，结果法院认定该股份为夫妻共同财产进行分割[①]。

[①] 原一审原告刘某与原一审被告王某甲离婚后财产纠纷一案，（2014）宁民再终字第 12 号。

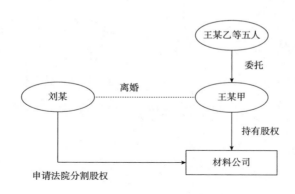

图 5-12　代持人婚变风险

第三，代持人意外风险。如果代持人意外死亡，则其名下的代持资产将有可能涉及继承的法律纠纷。即使代持人是父母／岳父母，如果代持人不幸离世，代持人代持的资产就会变成代持人的遗产，那样，父母／岳父母的继承人就会继承这笔遗产，这个时候就算与父母／岳父母签订了代持协议，也仅仅是约束合同双方，对父母／岳父母的继承人是没有效力可言的。

第四，代持人负债风险。如图 5-13 所示，余某与蒋某签有隐名投资协议，由余某代为持有实业公司的 36% 股权。后余某对张某存有负债，2007 年张某申请法院强制执行余某所持实业公司的股份。期间，蒋某提出异议，并申请仲裁获得了确认该 36% 股权为蒋某的裁决[①]。

---

① 蒋士忠与张连松、余伟因仲裁确认的隐名股东申请解除对显明股东名下股权查封措施复议案，江苏省高级人民法院二审，《江苏省高级人民法院公报》2009 年第 3 辑。

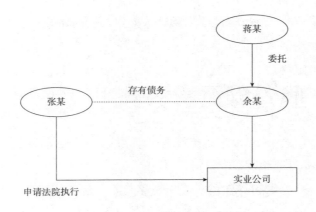

图 5-13　代持人负债风险

　　笔者认为代持其实是一种自欺欺人的做法，因为它不但没有隔离风险，反而创造了更多的风险。在代持结构当中，委托人把自己名下的资产，放到代持人的名下。既然是代持人名下的资产，代持人本身的婚姻关系变化、债务情况、人身意外等，都会影响到代持的效果。

　　此外，还有一点需要考虑：即使代持没有出现上述风险，如果当代持资产被转回时开征了遗产税和赠与税，就迎来了税收风险。

利用终身寿险隔离身后债务

　　张先生经营一家建筑公司，生意做得风生水起，实现了不错的盈利，但也因扩大再生产存在一些债务。与此同时，张先生非常关注个人风险，不仅为自己和家人购买了重疾险，还为自己投保了保额为 1200 万元的终身寿险。

　　天有不测风云，张先生在施工工地的一次事故中不幸意外身故，此后企业现金流断裂，而且很多债主都纷纷上门讨债。

　　而张先生为自己投保的终身寿险指定自己的孩子为受益人。孩子获得的 1200 万元身故理赔金属于孩子的个人财产，并不属于张先生的遗产[①]，所以也就不用偿还张先生之前的债务。

这是用保险作债务隔离的第一种方法：举债人为自己投保终身寿险，指定受益人。被保险人身故时，保险金赔付不属于被保险人遗产，所有权归受益人，可有效规避被保险人自身的债务。

在此架构下，最好不要以配偶做受益人，原因是回避夫妻共同债务问题，根据最高人民法院关于夫妻共同债务最新规定（2018年1月18日起施行）：

第一条　夫妻双方共同签字或者夫妻一方事后追认等共同意思表示所负的债务，应当认定为夫妻共同债务。

第二条　夫妻一方在婚姻关系存续期间以个人名义为家庭日常生活需要所负的债务，债权人以属于夫妻共同债务为由主张权利的，人民法院应予支持。

第三条　夫妻一方在婚姻关系存续期间以个人名义超出家庭日常生活需要所负的债务，债权人以属于夫妻共同债务为由主张权利的，人民法院不予支持，但债权人能够证明该债务用于夫妻共同生活、共同生产经营或者基于夫妻双方共同意思表示的除外。

之所以不要让配偶做受益人，就是为了防止出现债务用于夫妻共同生活、共同生产经营或者基于夫妻双方共同意思表示，如果出现了这种情况，配偶拿到保险赔付还是需要共同还债的。

这种方案还有一个不足之处：如果张先生在世时欠债并被追

---

① 《中华人民共和国保险法》第四十二条规定，被保险人死亡后，有下列情形之一的，保险金作为被保险人的遗产，由保险人依照《中华人民共和国继承法》的规定履行给付保险金的义务：

（一）没有指定受益人，或者受益人指定不明无法确定的；

（二）受益人先于被保险人死亡，没有其他受益人的；

（三）受益人依法丧失受益权或者放弃受益权，没有其他受益人的。

受益人与被保险人在同一事件中死亡，且不能确定死亡先后顺序的，推定受益人死亡在先。

偿，保单是可以被执行用来还债的。

利用健康险的人身属性隔离债务

利用保险做债务风险隔离还有第二种方案，巧用健康险的人身属性做债务隔离，这种方法比第一种方法的隔离功能更强。

首先让我们了解一下《中华人民共和国合同法》，其中第七十三条规定："因债务人怠于行使其到期债权，对债权人造成损害的，债权人可以向人民法院请求以自己的名义代位行使[①]债务人的债权，但该债权专属于债务人自身的除外。"

《中华人民共和国合同法》第七十三条第一款规定的专属于债务人自身的债权，是指基于扶养关系、抚养关系、赡养关系、继承关系产生的给付请求权和劳动报酬、退休金、养老金、抚恤金、安置费、人寿保险、人身伤害赔偿请求权等权利。

显而易见，所谓专属于债务人自身，就是债权与我们的人身属性相绑定，这里的人寿保险所指的不是所有的人寿保险，而是特指与我们的人身属性密不可分的保险——健康保险。

健康险及其理赔金能否被法院强制执行，按照保险研习社游森然律师的研究，除"以合法手段掩盖非法目的导致合同无效"[②]之外，现有的判例都不可以强制执行。

比如一个人在 2017 年购买了一份健康险，之后一直都在正常

----

① 比如甲欠乙的钱，丙欠甲的钱，乙起诉甲，甲无力偿还，乙可以向法院申请行使代位权，直接向丙追索偿还甲的债务。《合同法司法解释一》第十一条规定，债权人依照合同法第七十三条的规定提起代位权诉讼，应当符合下列条件：（一）债权人对债务人的债权合法；（二）债务人怠于行使其到期债权，对债权人造成损害；（三）债务人的债权已到期；（四）债务人的债权不是专属于债务人自身的债权。

② 比如一个已经负债的人，他的债权人已经向法院起诉偿还欠款，此时他再去购买健康险的情形。

缴纳保险费，2020 年因为新冠疫情的原因欠债，结果被债权人告上法庭，在这种情况下保单会不会被执行呢？答案是肯定不会。

因为他签单的时间是在 2017 年，此时他还没有欠债，而且一直都在续交保费，既没有恶意逃债的主观动机，也没有恶意逃债的外在条件，所购买的又是人身属性强的健康险，因而真正起到债务隔离的作用。

但是，用健康险来隔离债务有一个最大的短板，就是隔离债务的额度有限。因为在任何一家公司购买高额健康险都非常不容易，程序复杂不说，保额几百万元的相对容易办理，千万元及以上的保额基本很难承保。不仅身体状况要绝对过关，而且保险公司还会进行严格的尽职调查，只有当他名下的合法资产和他所购买的保额相匹配的时候，保险公司才敢卖出千万元及以上的健康险。因为按照《中华人民共和国保险法》的规定，在购买保险承保两年后，即使自杀，保险公司也需要理赔，存在着严重的风险。所以，我们还要谋求额度更高的解决方案。

利用保单架构设计隔离债务

在各类保险中，可购买额度最高的当属理财险了，但问题在于，一旦家庭债务发生，导致法院强制解除保单还债怎么办？根据我们的研究，投保传统型、分红型、投资连接型、万能型人身保险产品后负债，投保人不能偿还债务时，人民法院在执行程序中有权强制代替被执行人提取该保险单的现金价值进行还债。

虽然保险可以被执行，但不是首先执行保单来还债，只有当债务人的其他财产不足以还债的时候才会被强制退保还债，当财产足够偿还的时候，保险还是安全的，在还债资产中保险一定是排在最后的。

我们在前面讲过保单是"三权"分离的资产，保单的所有权归属投保人，投保人享有两个权利：一个是现金价值返还请求权，也就是退保权；另一个就是保单现金价值的贷款请求权，俗称保单贷款权。所以说只有投保人才具有退保的资格。而所谓保单被强制执行，执行的是保单的现金价值，现金价值的返还请求权即退保权掌握在投保人手里，所以负债风险高的人是不适合做投保人的。好在保单中，除了被保险人不能换人之外，投保人和受益人都是可以换的，这就催生了债务风险隔离的第三种方法：利用保单架构设计隔离债务（见图 5-14）。

图 5-14 利用亲子关系做投保架构设计

仍以张先生为例，在第一种方法中我们讲过如何利用终身寿险隔离身后债务，缺点是如果张先生在世时遭遇债务追偿，保单是可以被执行用来还债的。为了隔离生前债务风险，按照刚刚讲过的道理，张先生是不适合做投保人的。

如果张先生的父母健在，以父母为投保人，为自己（张先生作为被保险人）投保理财险规避自身债务风险比较合适。

第一步，企业家张先生让律师起草一个赠与合同，夫妻一致同意以赡养费的方式赠与一笔现金给张先生的父母。

第二步，父母作为投保人，为张先生投保理财险，张先生作为被保险人，张先生的子女作为受益人。

第三步，为防止父母投保后身故产生纠纷，最好趸交保费，如果实在做不到趸交，建议父母写一份遗嘱，表明自己的遗愿就是帮子女完成保险缴费，去世以后卡里的钱继续用于子女缴保费，写上保单号。如果父母在世时没有缴纳完保费，子女可凭遗嘱和银行卡要求保险公司每年继续扣款，也可以凭此遗嘱把投保人改成自己。

从保险实务来讲，如果父母还没有缴完保单约定年限的保费就去世，子女想把这份保单的投保人变成自己，需要提供死亡父母一方的所有的继承人的签名，如果继承人不同意，保险公司就会把这份保单的现金价值分给死者的继承人。

做好这三步以后，即使张先生生前负债，债权人也不能要求法院解除父母的保单，让父母退保还债，这样就有效隔离了债务风险。

这种方案的操作要点是要在负债之前安排好，如果负债之后转移夫妻共同财产给父母，还是存在风险。这种情况下，选择父母当投保人，如果父母的合法收入不能覆盖这笔保费，也不建议通过转账给父母，而是应该给现金；如果父母中被选为投保人那一位已经很有钱，可以覆盖保费那就无所谓了。

还有就是，即便保单在父母名下没有被解除，如果张先生领取高额生存金，这部分生存金超过生活所需部分还是要还债的。所以这种架构比较适合高保费、高现金价值的理财险。

父母健在且能够做投保人本身就不容易，而且还要在债务发生之前安排就更不容易，即使两个条件都满足了，保单的生存金还不能太高，所以我们还需要掌握第四种隔离方法：保单资产隐身做隔离。

"保单资产隐身"做隔离

乍一听这种方法的名字有点玄学的味道，但实际上还是充分利用《中华人民共和国保险法》带来的优势。

当投保人和被保险人不是同一人的时候，如果投保人的保单因欠债被法院强制执行，被保险人就再也拿不到生存金，身故受益人也不可能在被保险人去世以后得到身故保险金，情况严重的甚至会影响被保人和受益人的生存，投保人一人的罪过，延续到被保险人和受益人身上，不合情，也不合理。

所以《保险法司法解释三》第十七条规定："投保人解除保险合同，当事人以其解除合同未经被保险人或者受益人同意为由主张解除行为无效的，人民法院不予支持，但被保险人或者受益人已向投保人支付相当于保险单现金价值的款项并通知保险人的除外。"也就是说，如果被保险人或者受益人愿意站出来还债，那么只要能给债权人现金价值等同的资金，那么法院就不应该再强制执行此保单，因为执行的结果也无非是债权人拿到现金价值。

　　如果是被保险人替投保人偿还了债务，此时保单的退保权和现金价值贷款请求权就应该归被保险人所有。在什么情况下，被保险人才愿意出钱来维持保单效力呢？大概率是此保单现金价值比较低，被保险人觉得这笔钱出了以后得到的生存金都可以补偿自己的损失，保单退掉不划算。

　　同样，如果是受益人替投保人偿还了债务，此时保单的退保权和现金价值贷款请求权就应该归受益人所有。无论是被保险人还是受益人，维持合同效力的成本都是"保单的现金价值"，因此现金价值越低，成本越低。

　　一般而言，客户缴纳的保费会低于所获得的保险价值，保单的现金价值会低于客户缴纳的保费，在这种情况下，保单就存在资产隐身效果。如图 5-15 所示，如果客户能够购买到"0"现金价值的产品，那么保单的资产隐身效果就可以发挥到极致。

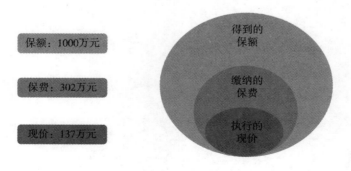

图 5-15　保单资产隐身模型

未来保费高、现金价值低、生存金高的期缴产品比较适合于有债务风险的企业家客户。

需要说明的是，此种情况下，即使被保险人（或受益人）支付了保单现金价值，使得保单未被解约，但这并不意味着原债务人的责任履行完毕，剩余部分债务仍需偿还，如果拒绝偿还则有成为"老赖"① 的可能性。

---

① 法律意义上的"老赖"，一般是指在民商领域中的一类债务人，其拥有偿还到期债务的能力，但是基于某种原因拒不偿还全部或部分债务。

第三部分

家庭传富
风险管理

所有叱咤风云的前辈，都将面临人生最后一战；
这一战胜利，人生才是圆满；
这一战失败，则前功尽弃；
这一战就是财富传承。

——《教父》

第七章

财富传承一战定乾坤

财富周围隐藏了很多隐形之手，会在传承之际纷纷出现并瓜分你的财富，如果没有做好规划去防范这些风险，很多人最终可能只是一个财富的过客，而非真正的主人！

第一节　隐形之手吞噬财富

陈逸飞（1946 年 4 月 12 日 ~2005 年 4 月 10 日）是中国著名画家、导演和企业家，集三种身份于一身，而且做得都有声有色，可谓旷世奇才。

真正让陈逸飞蜚声国内外的，则是 1985 年哈默博士的访华。在这次访问中，哈默博士购买了陈逸飞的油画《家乡的回忆——双桥》，并将其送给邓小平。这幅画直至今天依然是陈逸飞最著名的画作之一，甚至大大促进了周庄等江南水乡的旅游业。在此之后的 12 年间，陈逸飞出售了自己的油画作品 500 多幅，其中在艺术市场上拍卖的 33 幅作品总金额达到 4000 余万元人民币。陈逸飞主要作品拍卖价格如表 6-1 所示。

陈逸飞最被大家熟悉的身份是画家，他是中国改革开放后西方世界中最著名的华裔画家，他的作品多次创下中国画家画作的拍卖纪录。

表6-1　陈逸飞主要作品拍卖价格 ①

年份	上拍量	成交量	过千万	最高单价	成交额（万元）
1994~2004	88	65	0	《罂粟花》387万港元	5135.9
2005	65	57	0	《晨曦中的水乡》671万元	9643.5
2006	107	80	1	《玉堂春暖》1100万元	14220.2
2007	80	65	4	《黄河颂》4032万元	22675.9
2008	57	40	0	《二重奏》896万元	10266.8
2009	46	36	2	《踱步》4043万元	14372.2
2010	64	50	6	《弦乐四重奏》5368万元	29628.5
2011	83	64	5	《山地风》8165万元	37949
2012	49	42	4	《上海滩》2530万元	18294.5
2013	48	37	3	《红旗之一》6283万元	19027.2
2014	46	30	3	《晨祷》2133万元	14332
2015	27	17	0	《透视装女》782万元	5052.9
2016	18	17	0	《上海旧梦》598万元	4657
2017	15	12	1	《玉堂春暖》14950万元	17363.6
2018 春	22	18	4	《丽人行》6768万元	16596.2

　　在油画上取得成功后，陈逸飞创办了规模庞大的逸飞集团，以"大视觉、大美术"的理念踏足刚刚兴起的中国文化娱乐产业。陈逸飞还创办模特经纪公司、办杂志、搞服装与家用艺术品设计和平面设计等，Layefe（女装）、Leyefe（男装）、逸飞之家（时尚家居专卖店）、逸飞模特、逸飞艺术仓库等多个品牌已经成为沪上时尚界的知名品牌。

　　作为一名电影导演，陈逸飞于1993年完成了第一部电影《海上旧梦》，用颜色鲜艳的纯画面讲述一个旧上海的故事，引起巨大

---

　　① 陈逸飞作品拍卖成交记录，https://www.360kuai.com/pc/90afaef7ae32a76f1?cota=4&kuai_so=1&tj_url=so_rec&sign=360_57c3bbd1&refer_scene=so_1。

争议。之后陈逸飞又拍摄了以 20 世纪二三十年代的上海为背景的电影《人约黄昏》，讲述一段发生在上海的爱情故事。

2005 年 4 月 6 日，正在指导新电影《理发师》拍摄的陈逸飞因过度劳累导致胃穿孔而紧急从浙江富阳返回上海治疗，但是在住院两天后就不顾医生劝告返回拍摄地继续工作，4 月 10 日再度发病被二次送回上海，但最终因上消化道出血抢救无效病逝于上海华山医院。

陈逸飞去世以后，围绕着陈逸飞遗产争端的大幕开启。

首先，陈逸飞为拍摄电影《理发师》投入了巨资，据说其中一半是银行贷款。电影没有拍完就不能上线，不能上线就没有票房，所以这笔投资全部打了水漂，损失惨重，这是第一重损失。

但是银行贷款得继续还，于是只能用抵押给银行的抵押品还债。银行处理抵押品的目的就是回收贷款，所以银行处理抵押物的拍卖价格都比较低，抵押品被贱卖是再正常不过的事情，这是第二重损失。

陈逸飞生前所开公司众多，从相关报道来看，陈先生的公司经营状况一直不是很好，甚至其生前都不止一次得用出售画作的钱来支持公司。陈逸飞去世以后，导致各方债主上门讨债，这是第三重损失。

陈逸飞去世后，债主都上门了，但是欠他钱的债务人主动上门还钱的可不多见，这是第四重损失。

陈逸飞也像很多富人一样，选择了移民，跟原配离婚后，他与一位年轻的模特结婚，不过最终这两件事情导致的损失更是极为巨大。

陈逸飞和前妻都是美国公民，于 1986 年在美国离婚，离婚协议约定，陈逸飞每年从自己的收入中支出 25% 作为前妻的赡养费，20 多年来，陈逸飞由于发展个人事业，一直没有按期向前妻支付这笔费用，加上滞纳金和利息，这是一笔很大的债务。据美国律师讲，陈逸飞至少对前妻有 220 万美元的债务。[①] 这笔债务是需要从遗产中支付的，这是第五重损失。

陈逸飞的现任妻子、孩子和前妻所生之子都具有继承权，其前妻所生之子和现任妻子在遗产分割上各执己见，争来争去最后闹上了法院，双方为了多争一点儿遗产，都聘请了知名大律师，律师费自然不便宜，这是第六重损失。

官司开打，弄得天下人皆知，由于陈逸飞是美国公民，美国是全球征税，所以陈逸飞在海内外的财产，都要上缴遗产税。美国税局介入，先查清陈逸飞的全球资产，非常不幸的是，2005 年美国的遗产税税率是历史最高的时期，高达 55%（目前是 40%），而且也是要以现金缴税，这是第七重损失，堪称最重。

七重损失下来，陈逸飞再有钱也变成穷光蛋了，据说陈逸飞的家人最后并没有拿到什么钱，家庭财富灰飞烟灭。

这个故事，给我们什么启示呢？财富传承安排好了，家人是受益人；安排不好，家人是受害人！

传承不是继承，继承是被动地接受，传承是主动的安排，陈逸飞败就败在没有主动安排，最终亿万财富灰飞烟灭。那么问题来了，如果有遗嘱就能顺利继承财产吗？答案是，不一定。

第二节　遗嘱继承打碎和谐家庭

一代国画大师许麟庐，又名许德麟，祖籍山东。1945 年，许麟庐正式拜画家齐白石为师。1936 年，许麟庐与毕业于天津女子师范大学的才女王龄文结为夫妻，育有 8 位儿女。除长女许美、三女许

---

① 陈逸飞身后事难了，http：//news.sohu.com/20060118/n241498098.shtml。

嫦已经去世外，长子许化杰、次子许化儒、三子许化夷、四子许化迟、次女许丽、四女许娥均健在。许家人物关系如图 6-1 所示。

2011 年 8 月 9 日，许麟庐先生因病去世，享年 95 岁。他去世后，不仅留下了自己生前的大量珍贵画作，还留下了大量名人字画，其中不乏齐白石、郭沫若、张伯驹等大家之作，价值不菲。

2012 年 7 月 10 日，三子许化夷将母亲王龄文，大哥许化杰、二哥许化儒起诉到了北京市丰台区人民法院，要求依据法定继承分割许麟庐的部分遗产，包括 72 件名人字画和 3 把紫砂壶，法院追加了未被起诉的法定继承人（见图 6-2）。

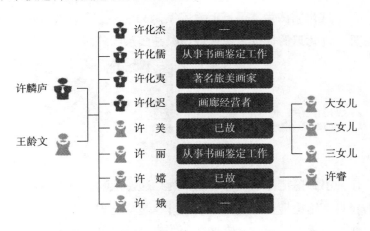

图 6-1 许家人物关系

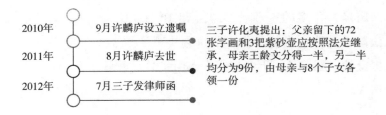

图 6-2 三子发律师函

诉讼中，王龄文提交了许麟庐的一份自书遗嘱（见图 6-3），内容为："我许麟庐百年以后，我的一切文物、字画及所有财产归我夫人王龄文所有。我许麟庐（许德麟）二〇一〇年九月二日所立遗嘱。"同时提交的还有一张拍摄于许麟庐画室"竹箫斋"的照片。照片中，许麟庐与王龄文端坐在画室中，背后的墙上贴着一份手书遗嘱，照片中的遗嘱与王龄文提交的遗嘱原件内容完全一致，仅仅是未加盖名章及按手印。一审程序中经鉴定，照片未发现技术修改痕迹。

在遗嘱面前，许家人各执己见：原告许化夷、许美的女儿、许嫱的女儿、被告许化杰，均质疑遗嘱的真实性，要求分割财产。而原告许娥却表示，自己知道父亲留下的遗嘱，并承认遗嘱的真实性。二子许化儒认为从笔迹上看确实是父亲的笔书，并表示尊重父亲意见。许化迟的代理人也认可遗嘱是父亲亲笔所写。

【遗嘱】
"我许麟庐百年以后，我的一切文物、字画及所有财产归我夫人王龄文所有。"
（许麟庐去世后遗产估值约21亿元）

图6-3　徐麟庐遗嘱

作为书画鉴定专家的许丽则认为，这份遗嘱存在很多疑点，"我不会轻易下结论是真是假，必须经过笔迹鉴定才能知道"。

北京市丰台区法院经审理认为，案件涉及标的较大，且有较大社会影响，2013年1月将案件移送北京市第二中级法院审理。

历经一年多的审理后，2014年10月13日北京市第二中级人民法院（简称二中院）作出一审判决（见图6-4）。法院认定王龄文提交的遗嘱有效，诉争遗产全部由王龄文继承，驳回原告其他诉讼请求。

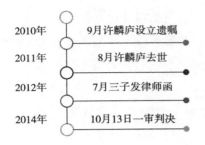

2010年　9月许麟庐设立遗嘱

2011年　8月许麟庐去世

2012年　7月三子发律师函

2014年　10月13日一审判决

"今天是我妈95岁生日，我们坐在法庭，起诉我妈。我们对不起我妈！" 10月18日上午，北京市丰台区人民法院615审判庭，坐在原告席上的许娥忽然大声号泣

图6-4　一审判决

一审判决后，当事人提出了上诉。遗嘱的真实性依然是争议焦点，但由于种种原因未启动鉴定程序，二审法院已发回重审。

2016年12月29日，随着北京市高级人民法院对著名国画大师许麟庐继承纠纷案作出"维持二中院作出的驳回许麟庐部分子女要求继承许麟庐遗产诉讼请求"的终审判决，涉及72件名人字画等标的额高达21亿元的遗产继承纠纷案终审落槌（见图6-5）。案件宣判后，许麟庐妻子、98岁高龄的王龄文老人特意送来书有"秉公办案、专业精湛"的锦旗表示致谢。

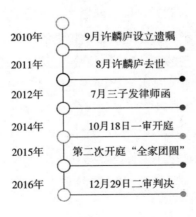

2010年　9月许麟庐设立遗嘱

2011年　8月许麟庐去世

2012年　7月三子发律师函

2014年　10月18日一审开庭

2015年　第二次开庭"全家团圆"

2016年　12月29日二审判决

图6-5　二审判决

本案中许麟庐虽立有遗嘱，但因真实性扑朔迷离，又涉及巨额

家财的分配，因而引得母子反目、兄弟姐妹对簿公堂。由于遗嘱的效力及执行等问题，立遗嘱人很可能不仅夙愿未达成，还可能导致子女们不惜诉讼的局面。

遗嘱效力问题

遗嘱本应具有定分止争的作用，但上述案件中关于遗嘱的真实性之争，引发了大家对遗嘱效力问题的关注，影响遗嘱效力的因素主要有以下几种：

（1）立遗嘱人行为能力瑕疵，无行为能力人或者限制行为能力人所立的遗嘱无效。

（2）遗嘱的形式要件瑕疵，遗嘱是严格的要式法律行为。例如，自书遗嘱要求遗嘱人亲笔书写、签名并注明时间。代书遗嘱要有两个以上见证人在场见证，其中一人为代书人，并需要注明时间，代书人、其他见证人、遗嘱人共同签名。不满足法律规定的任一形式要件，都有可能导致遗嘱无效。

（3）多份遗嘱的效力之争。被继承人生前立有多份遗嘱，继承人各执一词，请求确认己方遗嘱的效力否认其他遗嘱的效力。

（4）未保留必要的遗产份额。遗嘱应当对缺乏劳动能力又没有生活来源的继承人保留必要的遗产份额。未保留必要的遗产份额，会影响遗嘱的效力。

因为上述种种问题的存在，高达60%左右的遗嘱在法院庭审中被判无效，导致被继承人的继承意愿落空。

遗嘱管理及执行问题

遗嘱设立完毕后，谁来保管遗产？谁来执行遗嘱？有遗嘱却无法办理继承手续怎么办？这些问题都是遗嘱继承的难点，如果不能有效解决，日后一旦引起纠纷并启动遗产诉讼，不仅耗时（一般需要经历数年才有结果），而且花费巨大。还有就是遗产可能被冻结，诉讼的结果也很可能违背被继承人的意愿。

遗嘱只是单一的、静态的工具，不具备避债、避税等风险隔离功能，也不具备持续管理、防止分割的功能，无法有效保护财产，只有和保险、信托等结合使用，遗嘱才能更好地发挥作用。

第八章

传承风险分析工具

陈逸飞先生的案例告诉我们，"隐形之手"就藏在你与他人建立的各种关系里，包括家族关系：血缘、姻亲；商业关系（合同、债务、注册企业等）；法律关系（纳税、侵权当事人）。各种关系的变化、断裂，都会导致财富发生变化。

分析商业关系最好的工具就是企查查、天眼查等工具，这里不再多讲，感兴趣的自行搜索、下载、应用。笔者重点想和大家介绍的，就是如何分析家族关系的工具——家系图。

第一节　家系图的基本要素

家系图（Genogram）是一套符号体系，是以符号及图形的形式对家庭（族）成员之间关系的描述。家系图能够用简单、明了的方式对一个家庭乃至家族进行综合分析和评估，从中挖掘财务风险、法律风险和其他潜在风险，是一种发现问题的有效工具，具有简单、清晰、有效等特点。

家系图在绘制过程中一般为跨代际的关系表示，这样才能相对全面、有效地分析家族历史与模式。

绘制家系图的第一步就是用特殊的标示方法来画出一个基本的族谱。这个框架应该至少包括三代人以及其中成员的基本信息，比如姓名、生日、年龄、在世与否、股权比例等。

如图 7-1 所示，家系图的构成符号主要包括以下关系，好学易用，自 2016 年在恒通研究院里推出家系图方法之后，学员们陆续创造奇迹，目前的记录是由笔者的学生创造的，1 张家系图创造了 23 张保单的销售纪录，而且还创造了最有温度的保单销售方法。

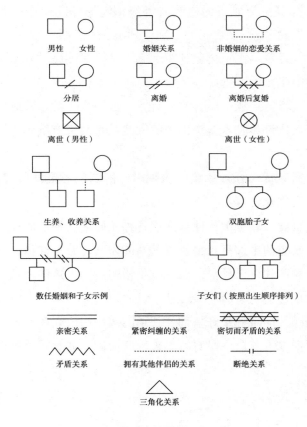

图 7-1 家系图方法

第二节　使用家系图的注意事项

使用家系图需要注意以下事项：

（1）链接每个成员的横线线条应该能够体现他们之间的关系（如恋爱关系、婚姻关系等），乃至发生顺序和日期等。

（2）要在家系图上记载这个家庭在某个时间段内发生过的重大事件。

（3）在家庭（族）中，个人行为一般因为年龄、家庭地位、性别而形成，大部分在家庭中出现的问题甚至解决方案到下一代时会再次出现。

（4）研究成员在家族中的表现时，需要先考虑其历史、经济、地域、社会文化背景。

（5）家庭（族）中往往会充满各种矛盾，这种矛盾往往是长期形成的。设想两个拥有长期矛盾关系的家庭（族）成员，双方都会试图说服顾问说自己是对的而对方是错的。作为这些委托人请来的顾问，如果"选择"了一边，那么很可能就会陷入一个三角关系中。咨询顾问能做的最好举动，就是向客户指出存在的这个矛盾关系，并协助双方开启一段对话，来帮助他们更加有效地进行沟通和工作。

第三节　使用家系图分析传承风险

有了家系图这种工具的帮助，就可以很方便地探求家庭财

富的"最终归属"。给大家举一个刘女士的案例来说明家系图的
应用。

刘女士，45岁，单身，与老公离婚后独立经营一家企业，是
该企业的核心股东。刘女士父母健在，还有三个兄弟姐妹。离婚后
女儿归刘女士，女儿目前在海外留学，交有男朋友。刘女士想身后
把财产留给女儿，刘女士的资产主要包括公司股权2000万元，房
产2000万元，银行理财800万元，其他500万元。

基本信息介绍完毕，并不复杂，但缺乏结构化的表达。如
图7-2所示，为了方便读者，我把文字信息变成图文信息，看起来
可能会好很多。

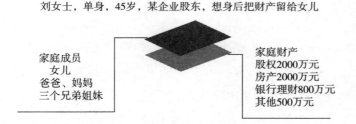

刘女士，单身，45岁，某企业股东，想身后把财产留给女儿

家庭成员
女儿
爸爸、妈妈
三个兄弟姐妹

家庭财产
股权2000万元
房产2000万元
银行理财800万元
其他500万元

图7-2　刘女士信息档案

尽管这样记录刘女士的信息档案好多了，这显而易见是个财富
传承问题，但是我们很难第一时间找到切入口，找到需要解决的传
承问题。如图7-3所示，为便于比较，利用刚刚讲过的家系图工具
来绘制刘女士的家系图。

家系图不仅使家庭结构清楚了，而且家庭传承风险也一目了
然，刘女士面临着一代逆传承风险，二代婚姻风险，二代逆传承风
险和继承成本风险。

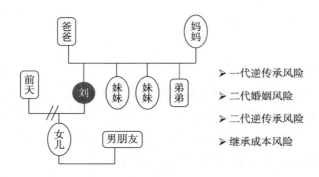

图 7-3　刘女士信息档案——家系图

　　沿着家系图很容易就可以看出来，如果不规划，刘女士的财富就会沿着直线向上走，变成"爸爸"的、"妈妈"的，继续沿着家系图"爸爸""妈妈"这条线往下走，进而可以变成"妹妹"的、"弟弟"的，进而可以变成"弟弟""妹妹"的配偶和孩子的，等等。刘女士的财富被其父母继承，就叫一代逆继承风险。

　　刘女士的财富如果沿着直线往下走，就会变成"女儿"的，沿着"女儿"这条线往上走就可能变成"前夫"的，这就叫二代逆继承风险。沿着"前夫"这条线继续走，就可能变成"前夫"配偶以及他们的孩子的。

　　从"女儿"这条线出发，财富沿着家系图往右走，就可能变成"男朋友"（因为链接线是虚线）的，这就是二代婚姻风险。

　　刘女士的资产主要包括公司股权 2000 万元，房产 2000 万元，银行理财 800 万元，其他 500 万元。在财富沿着家系图运动的时候，不同类型的财富，转移的成本是不一样的，这就是继承成本风险。

　　家系图是非常有用的一个工具，我给大家一幅绘制好的家系图（见图 7-4），大家开动脑筋想一想，如果你为这个家庭做规划，你能看出其中有多少种风险需要管理吗？

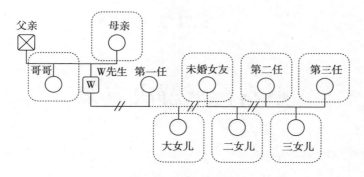

图7-4 W先生家系图

绘制这个家系图，笔者团队阅读了大量公开信息，这么复杂的家庭，别说怎么传承了，就是用文字想把家庭关系理出来都非常不容易。但是绘制成功以后，在财富风险管理师眼中，W先生家庭传承风险一目了然。

第九章

财富传承解决方案

第一节　保险传承解决方案

保险传承的法律基础

保险是以人的身体和寿命为标的的法律关系组合，一份科学的保单设计需要做好投保人、被保险人和受益人的选择和设定，同时结合适当的保险产品，才能做好有效的风险防范。

1. 投保人持有保单

投保人是指与保险人订立保险合同，并按照合同约定负有支付保险费义务的人。

投保人须具有完全的民事权利能力和相应的民事行为能力，投保人以自己的名义与保险人订立保险合同并且缴纳保费，在离岸、保费支付人和保单持有人可以是不同的人。

投保人须对保险标的具有保险利益，根据《中华人民共和国保险法》第三十一条的规定，保险利益源于血缘关系、劳动关系和被保险人同意的其他情形。公司作为投保人是源于劳动关系，信托作为投保人是源于"被保险人同意的其他情形"。

投保人有权变更受益人（被保险人未成年），被保险人成年受益人变更需要被保险人同意。

投保人有权变更投保人，投保人变更需要被保险人同意。

投保人有权解除合同。

投保人有权申请保单贷款，但是需要成年被保险人书面同意（可以通过书面授权方式，一次性授权）。

2. 受益人享有受益权

受益人是指在人身保险合同中，由投保人或被保险人指定的，享有保险金请求权的人，受益人只有权利没有义务。

生存受益人就是被保险人本人，身故受益人是被保险人以外的亲属，通常在保单明确指定。通常可以指定一人或者多人为受益人。

指定多人为受益人时，可以确定受益顺序和受益份额。如果没有设定份额的受益人按照相等份额确定受益权。考虑到领取受益金时，程序上需要受益人同时到场签字。可以适当分拆保单，尽量做到同一顺序受益人只有一人。

3. 被保险人享有收益权

被保险人在人身保险合同中是指人身受保险合同保障，是保单的生存受益人，享有保险金请求权。投保人也可以为自己投保，成为被保险人。

被保险人有权利指定或变更受益人。

变更投保人必须经过被保险人同意。

保单贷款必须通过被保险人书面同意。

4. 保障杠杆和财务杠杆

保障杠杆是保险的独特优势，保障额度与保障成本相比能达到几倍、几十倍甚至几百倍，比如意外保险、定期寿险、医疗保险，即几百元的保障成本可以实现几十万元的保障额度。

"生命IPO"是应用保障杠杆保障生命和健康的一种诙谐说法，即以很小的代价（保障成本）利用保险的保障杠杆把自己的身价（保障额度）做高，以弥补失去生命和健康的财务损失。

财务杠杆是通过时间和复利来实现的。"复利计息"只是客户处置分红或者返还生存金的一种选择，如果不选择取出，可以将这部分资金用于抵缴保费或增加保额。不过在实际操作中，由于"复利计息"产生的收益较为明显，除非要取出作为他用，80%的客户都会选择将分红或生存金进行"复利计息"。

因为保险公司每年的资金利用效率不同，分红率不同，所以"复利计息"的利率不是固定不变的，但是基本上都会高于"保底利率"，严格地讲，保险的复利客户自己是计算不出来的。

保险传承的解决方案

上一章案例中的刘女士主要面临着一代、二代逆传承风险和二代婚姻风险，那么这些风险怎么解决呢？

1. 逆继承风险解决方案

刘女士配置高额终身寿险，保额与资产匹配，指定受益人为女儿，为女儿锁定继承现金，在解决传承问题的同时，提前规划未来遗产税以及继承股权、不动产等资产可能需要的税收与费用，并且自身还保留资产的控制权。

保单设计方案：

投保人：刘女士　　　被投保人：刘女士　　　受益人：女儿

2. 二代婚姻风险解决方案 [①]

二代婚姻风险解决方案要考虑婚姻存续关系对财富的影响，把固定资产过户给女儿，女儿变现后的资产为夫妻共有财产。过早地将资产过户，如果女儿发生身故风险，财富面临因继承被分割的风险。

解决方案：转变不动产为年金型保险

投保人：刘女士

被保人：女儿

---

① 婚姻风险解决方案可以参考第五章的"婚姻风险"部分。

受益人：刘女士

同时搭配遗嘱（或第二投保人）

建议刘女士写一份遗嘱，表明自己的遗愿就是帮女儿完成保险缴费，如果刘女士去世卡里的钱继续用于子女缴保费，写上保单号。

如果刘女士在世时没有缴纳完保费，女儿可凭遗嘱和银行卡要求保险公司每年继续扣款，也可以凭此遗嘱把投保人改成自己。

这种解决方案的优势有以下五点：

（1）降低不动产占比，提前应对房产税政策；

（2）合理设计投保人与被保险人，并明确为女儿一方个人财产；

（3）预防二代身故风险，阻止财富回流；

（4）为子女提供稳定日常生活开支，锁定生活品质，预防挥霍；

（5）通过保单传递温度、传递价值观。

保险传承的优势

保险是指投保人与保险人签署合同，约定当被保险人身故、患病、伤残或到一定年龄、期限后，由保险人承担向受益人给付保险金义务的商事行为。我国保险业相关立法相对较为完善，商业保险产品品种多样，在高净值人群中接受度高。

与遗嘱相比，保险作为传承工具具有明显的几个优势：

第一，相比遗嘱争端引起的资产曝光，保险具有高度的隐秘性。保险是通过投保人与保险公司之间的保险合同即保单，来实现的财产分配方式，由于合同具有相对性，只有投保人、被保险人（有时两者为同一人）以及保险公司知晓，在签订保险合同的当时，对于受益人来说其并没有实际获得财产，而且受益人还可以增加和变更。

第二，保险可以有效避开遗嘱引发的冗长繁杂的遗产继承程序。不同于继承权公证需要面临所有继承人、受遗赠人出现在同一场合并达成合意的环节，保险公司在向受益人给付保险金时不会通知除受益人及其监护人以外的人到场。

一旦涉及诉讼，根据我国民事诉讼法的相关规定，民事一审案件审限为六个月，特殊情况可以延长六个月，如有必要可以再次延长；民事二审案件的审限为三个月，如有需要可以延长；若进入再审程序，时间会参照一、二审审限，再加上判决后的执行程序，普通的民事诉讼的时间跨度往往在一至两年。通过诉讼方式进行"双高"人群的遗产继承，要投入的时间与成本难以预估，更不要说因家族内部争夺财产付出的精神代价。而通过保险合同约定被保险人或受益人，可以简单而有效地明确保险金的归属，避免冗长而繁杂的诉讼。

第三，保险公司在一定程度上充当遗嘱执行人的角色。在保险合同中，投保人借助保险将其现有的巨额财产于保险合同约定的事项成立时转移给受益人，保险公司根据合同约定支付保险金，这与遗嘱执行人并无本质上的差异。

第四，保险金在一定范围内可以合理地规避债务的追偿和税务的征收。当被保险人或受益人以保险金的方式继承了被继承人的财产，继承人无须在所获得的保险金范围内承担被继承人生前的债务。人寿保险理赔金不需要缴纳个人所得税，也不计入遗产征收总额，保险可以采取四种方法进行债务的风险隔离，在一定程度上可以起到税务规划和债务隔离的作用。

第五，在服务内容方面，保险公司往往能够利用其多样化的产品启发财富客户的需求，并根据客户需求定制个性化产品，比完全由遗嘱人主导的遗嘱继承形式更为灵活多样。投保人可以选择一次性或分期支付保费，可以根据对保险收益分配的实际需求制订计划，交由保险机构执行。不同于遗嘱继承的烦琐程序，保险机构向受益人发放保险金的时间周期很短，只需出示相应证明即可获得理赔。

第六，在财富分配的确定性方面，投保人、被保险人、保险公司、受益人各方之间通过保险合同建立了明确的法律关系，保险机构需依约履行，在条件具备时向受益人支付保险金，不会产生受益人范围的争议。

第二节　保险金信托解决方案

信托传承的法律基础

《中华人民共和国信托法》第二条规定："本法所称信托，是指委托人基于对受托人的信任，将其财产权委托给受托人，由受托人按委托人的意愿以自己的名义，为受益人的利益或者特定目的，进行管理或者处分的行为。"简言之，信托是一种为了他人利益或特定目的管理财产的一项制度安排。

信托主体一般分为委托人、受托人和受益人三方。委托人是信托的创设者。委托人提供信托财产，确定受益人以及受益人享有的受益权，同时指定受托人，并有权监督受托人实施信托。受托人是指具有管理和处分信托财产的责任，必须为受托人的最大利益、依照信托文件和法律的规定管理和处分信托事务的一方。受益人是指在信托中享有信托受益权的人。

信托受益人范围广，不局限于被保人的直系亲属，可秘密指定，可多代指定，可附加条件，正向行为予以激励和祝愿；不良行为予以约束和惩罚。可规避传承风险，即避免被受益人的监护人挪用；避免成为受益人夫妻共同财产；避免受益人债务风险，避免受益权被转让和继承。《中华人民共和国信托法》的以下规定是信托被广泛用于传承安排的原因：

第七条　设立信托，必须有确定的信托财产，并且该信托财产必须是委托人合法所有的财产。

第十五条 委托人不是信托唯一受益人的情况时，委托人死亡或依法解散、被依法撤销、被宣告破产时，信托可以存续，信托财产不作为其遗产或者清算财产。

第十六条 信托财产与受托人所有的财产相区别，不得归入受托人的固有财产；受托人依法解散、被依法撤销、被宣告破产而终止，信托财产不属于其清算财产。

第二十一条 委托人有权要求受托人调整该信托财产的管理方法。

第二十二条 委托人有权要求受托人因违背管理职责、处理信托事务不当致使信托财产受到损失予以赔偿。

第二十三条 委托人有权依照信托文件的规定解任受托人，或者申请人民法院解任受托人。

第四十七条 受益人不能清偿到期债务的，其信托受益权可以用于清偿债务，但法律、行政法规以及信托文件有限制性规定的除外。

第四十八条 受益人的信托受益权可以依法转让和继承，但信托文件有限制性规定的除外。

第五十二条 信托不因委托人或者受托人的死亡、丧失民事行为能力、依法解散、被依法撤销或者被宣告破产而终止，也不因受托人的辞任而终止。

保险金信托的价值

在传统的保险里，如果受益人年幼则可能存在监护人控制问题，例如，发生"滥用保险赔付金"或为其自身利益"管理和处分保险赔付金"等情况。此外，也有可能会发生受益人挥霍财产，最终导致财产贬值等情形，而这些在"保险金信托"里面都会用一些条款进行规避。

保险金信托是指投保人在签订保险合同的同时，将其在保险合同下的权益（主要是保险理赔金）设立信托，常见的形式是将保险合同的受益权转移给信托。这种方式也叫保险金信托 1.0，当保险理赔后，理赔金作为信托财产进入信托公司，由信托公司按照委托人（保单中的投保人）的意愿长期高效地管理和分配这笔资金。

原来的保险受益人是家庭成员，现在的保险受益人变成了信托，而原来的保险受益人则变成了信托受益人，保险金信托结合了保险和信托这两种制度的优势，具体优势有以下几项：

1. 灵活性更好

保险金信托的灵活性就是通过信托文件的安排去支付保险金。保险赔付事件发生后，若达到投保人预立的受益人一次性领取保险金条件，则受益人一次性领取保险金。若未达到受益人直接领取保险金条件，则触发信托介入，保险金由信托代为管理一段时间，并按投保人预先设定的方案逐步支付给受益人。领取方案可以在信托条款中灵活定制，比如当受益人求学、成婚、生子等正向行为予以激励和祝愿，对受益人购房、购车等大额消费予以支持，同时约束受益人的不良行为，保障受益人基本生活，等等，而不必拘泥于受益人每月每年去领取相应的保险金。

2. 双重隔离机制

保险金信托的另一优势是双重隔离保护，保险金作为信托财产存放到信托公司名下，它就独立于受托人的共有财产，受托人如果出现破产或其他情况，和保险赔偿金是没有任何关系的。同时，借助信托文件的安排，可以相应地隔离原来的保险受益人的个人风险。信托文件可以禁止受益人利用信托受益权进行偿债，也隔离了受益人的债务；信托文件也可以禁止受益权被转让和继承，它的安全性会更高。所以保险这种单一工具可能或多或少还存在一些法律风险，但是它和信托结合起来，法律风险就能得到很好的规避。意思就是说，保险与信托的结合，财富就得到双重的保障。

3. 法律的强力保护

保险金作为信托财产，只有在信托法所规定的四种情况下才可以得到强制执行：①预先在信托财产上设立了一种抵押或质押的权利；②受托人在处理信托财产的时候产生了债权债务的关系；③信托财产本身应担负的税款；④法律规定的其他情形。除了这四种情况之外是不能强制执行保险金信托财产。

4. 运作模式更合理

保险和信托结合以后，保险资金的运用就会更加灵活。信托公司作为受托人，可以对信托财产进行有效的资产管理，更有利于保值、增值。保险金信托与传统保险的区别如表 8-1 所示。

表 8-1 保险金信托与传统保险的区别

类别内容	传统保险	保险金信托
产品目的性	保障	为没有能力或不愿亲自进行理财行为的人设置一种财产安排
当事人／关系人	投保人、保险人、被保险人和受益人	委托人、受托人和受益人
信任责任	出于对保险人的一种信任	受托人处于受信任地位，对受益人负有信任责任
管理方式	保险直接赔付给指定的受益人，保险合同终止，保险避税避债的功能结束	受托人按照委托人的意愿，以自己名义对这部分信托财产进行管理和处分，受益人享有对信托财产的收益权

保险金信托适用对象

保险金信托是高附加值的"事务管理＋资产管理"的单一信托产品，是一种顺应家庭财富传承需求的高附加值服务。信托增强保险价值，比如避免受益人一次性获得大额现金后不当管理、滥用，养成生活恶习；避免受益人的监护人挪用保险金；避免受益人离婚时保险金被计入待分割财产；秘密指定受益人，避免未来争议，也因为如此，保险金信托常受到这三类客户喜爱：

（1）子女年纪小，未来无法妥善运用、管理保险理赔金；

（2）家庭成员中有身心障碍者，需要首先确保该人士未来的正常生活保障；

（3）担心保险理赔金的分配问题会引发家族内部成员的不和谐。

在财富传承中，"财富安全度"远高于"保值和增值"，在服务客户时应根据客户具体情况合理设计保险金信托架构。

信托制度的出现并非出于对投资的需求及财富增值的渴望，而是通过一种独特的设计来实现资产的保护和传承。以家庭财富的管理、传承和保护为目的的信托，在内容上包括以资产管理、投资组合等理财服务实现对家族资产负债的全面管理，更重要的是提供财富转移、遗产规划、税务策划、子女教育、家族治理、慈善事业等多方面的服务。

第三节 资产传承架构

本节以李嘉诚的资产传承架构为例进行探讨分析。

2012年5月25日，李嘉诚公开宣布分家方案，由李泽钜管理长江集团，以现金支持李泽楷发展事业。对于李家而言，2012年是一个分水岭，2012年之前是李嘉诚时代：创富、享富时代；2012年之后是后李嘉诚时代：守富、传富时代。

创富时代的李嘉诚

如表8-2所示，用一张表来回顾创富时代的李嘉诚，我们可以体会创富英雄风餐露宿、披荆斩棘的奋斗史。

表8-2 李嘉诚的奋斗史

年份	事件
1943	父亲李云经病逝。为了养活母亲和三个弟妹，李嘉诚被迫辍学走上社会谋生。李嘉诚找到了一份茶楼跑堂的工作
1945	李嘉诚被调入高升街的一间钟表店当店员，学会了钟表装配修理技术。
1947	李嘉诚因不愿长期寄人篱下，便到一家五金厂当推销员
1948	由于勤奋好学，精明能干，不到20岁的他便升任塑料花厂的总经理
1950	李嘉诚把握时机，用平时省吃俭用积蓄的7000美元在筲箕湾创办了自己的塑胶厂，他将它命名为"长江塑胶厂"
1958	李嘉诚在北角购入一块地皮兴建一幢12层高厂厦，正式介入地产市场。他独到的眼光和精明的开发策略使"长江"成为香港地区一大地产发展和投资实业公司
1963	与庄月明结婚
1972	"长江实业"上市，其股票被超额认购65倍。到20世纪70年代末期，李嘉诚在同辈大亨中已排众而出
1979	"长江实业"宣布与汇丰银行达成协议，斥资6.2亿元，从汇丰集团购入老牌英资商行——"和记黄埔"22.4%的股权，李嘉诚因而成为首位收购英资商行的华人
1984	"长江实业"购入"香港电灯公司"的控制性股权
1986	进军加拿大，购入赫斯基石油逾半数权益
1987	联同2名华资大亨李兆基及郑裕彤，成功夺得温哥华86年世界专览会旧址的发展权
1994	所管理的企业除税后盈利达28亿美元
1995	12月长江实业集团三家上市公司的市值，总共已超过420亿美元
1999	长江实业集团除税后盈利达1850亿港元
2000	长江实业集团总市值约为8120亿港元
2009	长江实业总市值约为10000亿港元
2010	竞购法国电力集团旗下部分英国电网业务

续表

年份	事件
2011	福布斯富豪榜显示：李嘉诚位于排行榜第十一位
2012	福布斯富豪榜中，李嘉诚排名第九，荣膺亚洲首富

守富、传富时代的李嘉诚

"万里江山千钧担，守业更比创业难"，所以钟鸣鼎食之家不爱珍珠宝器之重，不爱琼楼玉宇之工，独爱传承架构之利。

首先我们要搞清楚一个概念，什么是传承？顾名思义，所谓传承重点就是"传"与"承"，所谓"传"是指一代要有本事"给得了"，所谓"承"就是二代要有本事接得住。

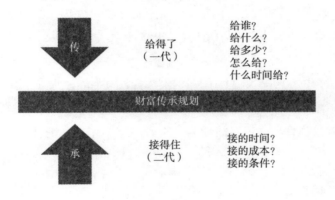

图8-1 财富传承八问

如图8-1所示，要想给得了，一代必须要解决五个问题：给谁？给什么？给多少？怎么给？什么时间给？二代要想接得住，必须要解决三个问题：接的时间？接的成本？接的条件？

根据2012年5月25日李嘉诚公开的分家方案，李嘉诚确定由李泽钜管理长江集团，以现金支持李泽楷发展事业。安排两个儿子一个执掌实业，一个拓展金融，避免同系竞争，用心着实良苦。[①]2012年7月16日，李嘉诚将家族信托中原分配给李泽楷的1/3权益，全部转给李泽钜，正式落实了分家方案第一步。

这段简短的新闻传递了关于李家财富传承的几个关键词——家族成员（李嘉诚、李泽钜、李泽楷）、家族企业、家族信托、家族现金、实业、金融。一代要解决的五个问题"给谁？给什么？给多少？怎么给？什么时间给？"一时之间似乎全部找到了答案。

给谁？

毫无疑问，李嘉诚的财产给两个儿子李泽钜、李泽楷。

李泽钜，1985年毕业于斯坦福大学，获土木工程学士学位、结构工程硕士学位，同年加入长江实业。曾分拆长江基建上市，任长江基建主席，获选时代杂志"2003年度全球商界最具影响力人物之一"。

李泽楷，1966年11月8日出生于中国香港，加拿大国籍，美国斯坦福大学电脑工程系毕业，1987年加入加拿大Gordon Capital，2000年并购香港电讯一战成名，有香港"小超人"美誉。

给什么？

李泽钜在斯坦福大学学习的是"土木工程""结构工程"，对李家"四大旗舰"（长江实业、和记黄埔、长江基建、电能实业）而言，绝对是专业人士，内行。比起弟弟李泽楷因年少叛逆和花边绯闻，频频出现在娱乐头条的事迹，李泽钜显得低调沉稳，即使是在

---

① 李嘉诚"分家"后首场记者会，http://hk.eastmoney.com/a/20120803242970274.html。

有质疑李泽楷可能分到的资产更多时，也只是含笑表示，"爸爸的安排我们永远都 OK"，确实是可当重任的首选。

再看李泽楷，1993 年李泽楷在完全没有跟李嘉诚商量的情况下，卖掉卫星电视，比最初的总投资高出 7 倍多，并在同年用赚来的 30 亿港元创建了盈科集团。2000 年，李泽楷创办的盈科集团，以 2300 亿元"鲸吞"了香港电讯，合称电讯盈科公司，成就了当年亚洲最大的并购案。由此可见，李泽楷擅长并购和资本运作。

李嘉诚安排大儿子李泽钜执掌实业，小儿子李泽楷拓展金融，既发挥了专才，又避免了同系竞争，用心着实良苦。李嘉诚曾表示，相信兄弟俩在业务和财产上都没有冲突，"打架都不关我事，爸爸已为他们想得这么尽，一定有兄弟做"。

怎么给？

在家族财富传承方面，李嘉诚早有准备，他设立了至少 4 个信托基金，分别持有旗下公司的股份，并对每个信托基金指定了受益人。如图 8-2 所示，李嘉诚家族信托是复式结构的离岸信托，为家族财富传承与分配建立了完美的持有架构。

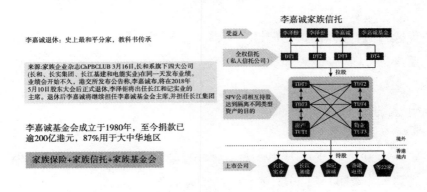

图 8-2　李家传承大网"家族保险 + 家族信托 + 家族基金会"

在分家之前，李家资产是"三分天下"，家族信托的权益是分别由李嘉诚、李泽钜、李泽楷各持有 1/3，以长江实业、和记黄埔、长江基建等为代表的家族企业股权，全部由离岸信托架构持有。

分家之后，大儿子李泽钜执掌实业，实业都在信托名下，所以转让信托权益就做到了转让实业的目标。据相关新闻报道，2012年 7 月 16 日，李嘉诚将家族信托中原分配给李泽楷的 1/3 权益，全部转给李泽钜，正式落实了分家方案第一步。李泽钜接掌市值逾8500 亿港元，涉及 22 家上市公司的长江集团王国。

2012 年 8 月 2 日，李嘉诚透露现在已有现金存在银行，李泽楷随时可提取，但他笑言不支持他的小儿子随时拿出来"摆晒"。

此次分家，李嘉诚慈善基金会也同样备受关注，该基金会于 1980年创立，分家之后，家族信托权益 2/3 由李泽钜掌控，剩下的 1/3 权益现在仍由李嘉诚持有，但按照他之前的安排，权益的大部分将转移给李嘉诚慈善基金会，由两名儿子共同管理，由李泽钜当主席。

这一模式并非李嘉诚独创，其最具代表性的实践人其实是前世界首富比尔·盖茨。2008 年，盖茨将 580 亿美元财产全数捐给名下慈善基金——比尔和梅琳达基金会。未来，其三个子女将会受到基金会照顾，一生衣食无忧。

李嘉诚的这种安排相当于是给两兄弟未来买了一个巨额"失业保险"，这样即便是他们以后不慎企业管理失利，资产付之东流，至少也可饱暖无虞。

什么时间给？

从 2012 年 5 月 25 日李嘉诚公开宣布分家方案，由长子李泽钜管理长江集团，到 2018 年 5 月 10 日李嘉诚宣布退休，李泽钜扛起长和大旗，整整 6 年的时间。这 6 年是李嘉诚先生落实家族传承方案至关重要的 6 年，既要帮长子李泽钜坐稳位子，牢牢掌控李氏实业帝国，又要辗转腾挪，帮次子李泽楷举起并购大旗。

这也印证了此前李嘉诚的说法，持有家族信托 2/3 权益的李泽钜将全面接管"长和系"，而李泽楷则将获得数倍于其资产的现金支持，以发展新事业。

分家之前次子李泽楷拥有三家上市公司，分别是电讯盈科、香港电讯信托和盈大地产，按持股比例计算，2012 年李泽楷持有资产市值为 136.48 亿港元，在福布斯香港富豪榜，他位列第 33 位。"李泽楷则将获得数倍于其资产"的现金支持，意味着几百上千亿元的现金支持，钱从哪里来呢？

如表 8-3 所示，李嘉诚近年抛售的内地和香港的资产近 2000亿元，主要是房地产。

表 8-3　李嘉诚抛售的内地和香港资产 ①

时间	交易公司	交易对价	出售资产
2013 年 7 月	置富产业信托	58.49 亿港元	香港天水围嘉湖银座商场
2013 年 8 月	长江实业和记黄埔	32.68 亿港元	广州西城都荟广场
2013 年 10 月	长江实业和记黄埔	89.5 亿港元	东方汇金中心
2014 年 1 月	ARA AssetManagement 亿港元	38.4 亿港元	南京国际金融中心大厦
2014 年 2 月	长和投资	8.75 亿港元	减持长园集团股权
2014 年 3 月	和记港口信托	24.72 亿港元	减持亚洲货柜码头 60% 股权
2014 年 3 月	和记黄埔	440 亿港元	向淡马锡出售零售旗舰屈臣氏 24.95% 的股权

---

① 19 亿入手 40 亿出货，李嘉诚又卖资产［EB/OC］.http：//blog.sina.com.cn/s/blog_1673260e80102zn2r.html。

续表

时间	交易公司	交易对价	出售资产
2014 年 4 月	李泽楷旗下盈大地产	72.01 亿港元	北京盈科中心
2014 年 8 月	ARA AssetManagement	19.4 亿港元	上海盛邦国际大厦
2014 年 11 月	长江实业和记黄埔	39.1 亿港元	重庆大都会
2014 年 11 月	和记港陆	38.23 亿港元	和记港陆 71.36% 股份
2015 年 2 月	置富产业信托	6.48 亿港元	香港商业地产盈晖荟
2015 年 6 月	电能实业	76.8 亿港元	减持港灯 20% 股权
2016 年 10 月	长实地产	230 亿港元	陆家嘴世纪汇广场 50% 股权
2017 年 7 月	和记电讯	144.97 亿港元	和记电讯固网业务中的全部权益
2017 年 9 月	长实地产及电能实业	20 亿港元	香港山顶道 86~88 号及山顶道 90 号两幅宅地
2017 年 11 月	长实集团	402 亿港元	香港中环中心 75%
2017 年 12 月	置富产业信托	20 亿港元	"和富荟"

李嘉诚早已表示，李泽楷看中的不是"和黄系"六大业务（指港口、地产、零售、基建、能源、电信），也不是传媒和娱乐，而是属于长线可发展的传统行业。所以，并购传统水、电、天然气、通信事业等具有稳定现金流的可长线发展的传统行业提上了日程。

如表 8-4 所示，综观李嘉诚在英国投资的资产涵盖供水、供电、天然气输送、铁路、通信、零售，几乎所有跟民生有关的事业，大部分是稀缺的民生资源，不仅业绩稳定、回报有保障，而且风险极低，能够源源不断地产生安全持久的稳定收入，完全符合李嘉诚的家族利益。这些生意并购完成以后，料将为次子李泽楷带来源源不断的现金流，为并购事业提供源源不断的"子弹"。

表8-4　李嘉诚在英国的投资

2012 年 10 月，以 125 亿英镑完成收购英国配网络 WWU 公司，同年 11 月，又收购了 Kinrot 公司
2013 年 1 月，以 13 亿欧元收购了奥地利第三大移动运营商 Orange 公司
2015 年 4 月，以 25 亿英镑收购了英国铁路集团 Eversholt Rall 公司，同年 11 月，以 9.78 亿欧元收购葡萄牙风力发电公司 lberwind
2018 年，长实以 10 亿英镑（约 105 .4 亿港元）的价格收购了伦敦瑞银（UBS）总部大楼——5 Broadgate
2019 年，斥资 100 亿英镑收购英国电信巨鳄 O2

注：李家控制着英国约1/4的电力分销市场、近三成的天然气供应市场、近7%的供水市场、超40%的电信市场、近1/3的英国码头，总投资额超过4000亿港元。

至此，李嘉诚先生为两个儿子定制的传承方案可以完美画上句号了。李氏家族进入"双子时代"。

心系保险钟情不渝

李嘉诚父子的金融王国建设从不缺乏对保险的热忱，保险成为李嘉程父子财富大厦积累的重要基石。"别人都说我很富有，拥有很多的财富，其实真正属于我个人的财富，是我给自己和家人购买了充足的人寿保险。"李嘉诚这句名言成为越来越多保险人信奉的理念，甚至被很多保险代理人印在了自己名片的背面。如图 8-4 所示，2014 年《中国保险报》做了《李嘉诚父子：足够的保险就是最大财富》的专题报道，从侧面印证了坊间一直有传言说，李家每个孩子出生，都会给他买 1 亿港币的人寿保险，这样确保李家世世代代，从出生开始就是亿万富翁。

同时，善于投资运作的李泽楷对投资保险业情有独钟。2012年 5 月，李嘉诚正式宣布分家后不久，阔别保险 5 年后的李泽楷重新投入保险业。2012 年 10 月 19 日，李泽楷旗下盈科拓展以 21.4 亿美元收购 ING 中国香港、中国澳门及泰国业务。实际上，早在 1994 年，李泽楷就以 3 亿元收购鹏利保险，其后改组为盈科保险，五年后将盈科保险上市时已"回本"；2007 年，李泽楷将盈科保险 50.5% 股权卖给富通保险，套现逾 30 亿元。2010 年，李泽楷再透过其私人持股的盈科拓展以 5 亿美元（约 39 亿港元），向美国国际集团（AIG）购入资产管理业务柏瑞投资。

第四节　传承有道，延续家族梦想

李嘉诚先生在财富传承的道路上选择了"家族保险 + 家族信托 + 家族基金会"的组合方式，保险、信托和基金会都是"资产持有架构"，资产通过这些专业的架构持有要比放在个人名下安全得多、稳健得多。

各财富传承安排提及数占总数及数比例

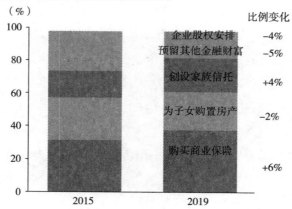

图 8-3　2015~2019 年中国高净值人群财富传承安排及变化

资料来源：招商银行—贝恩公司高净值人群调研分析。

　　以保险、信托和基金会为代表的这些资产持有架构具有"隔离风险、高度安全、私密性高、被动增值、被动收入、易于传承"的优势，被称为"终极财富"，是高净值客户保护和传承家族财富的终极之选。《2019 中国私人财富报告》调查结果显示，越来越多的中国富豪开始选择"购买商业保险"和"创设家族信托"布局家族财富传承。

　　在资产持有架构中，保险以"①投保容易，够得着：资金起点低，成本很低；合规要求少，手续简单；②三位一体，功能强：既保人（杠杆性）又管财（安全、被动收入、传承）、可融资（不问用途，随时可贷）"等优点，在中国大陆成为财富传承工具的首选。正应了恒通研究院那句话"传家有道，延续家族梦想；用保单去保护、传承财富，和用枪捍卫家园一样重要"。

附录

家庭守富、
传富工具

李嘉诚的退休声明全文

本人决定于应届公司股东周年大会后退下集团主席之位，并辞任执行董事。

回望过去，本人自 1950 年创业开始，1972 年长江实业（集团）有限公司上市，于过去 68 年间，一直带领长江集团稳步发展，经内部增长及收购合并，积极拓展业务及收益多元化与全球化，并适时作策略性检视以及重组，尽心尽力为股东争取最佳利益及回报增值，本人衷心感谢各股东多年来对本人的支持及信任。

往后，应董事会要求，本人同意出任公司资深顾问，冀为集团继续做出贡献，就重大事项提供意见。

董事会亦建议并推选于长江集团与本人并肩服务 33 年的李泽钜先生出任集团主席，并续任集团联席董事总经理，而一众高层行政人员全体将继续与李泽钜先生共同推动集团迈向崭新业务里程。本人希望各股东能对李泽钜先生的领导继续给予全力支持。集团对前景充满信心。

最后，本人谨向各董事及集团全球所有员工之忠诚努力、专业精神与宝贵贡献致以衷心谢意。

附：李嘉诚现场问答汇总退休感受

问：创立商业王国多年，如今退下有什么感言？

答：很荣幸、很高兴有这个机会让我做这个主席。我从 1960 年创立长江；上市时，我已经决定这一生创业一个上市公司，一定要对得起支持我的股东。46 年我并没有拿过薪水，每年只拿 5000 元。

资深顾问的角色

问：接下来集团的最后的决定权是否还掌管？

答：如果什么都要我顾问来做，那我为什么要辞职。我从 12

岁就开始工作，做到今天 78 年，我真的感恩我的身体，脑筋还是清清楚楚。

世界变迁很大，我猜不到未来。但无论怎么样，发展之中一定不会忘记稳健，这是一个固定的政策。

长和投资回报

问：如果 1972 年长江实业上市时买一手，中间没有卖出，总回报是多少？

答：当时买 3 元的股票，收到股息，再买长江，今天的价值超过 5000 倍。世界不是太多公司有 5000 倍。

集团后续蓝图

问：近几年长和盈利增速乏力，请问新的投资动力在哪里？高层是否会有变动？

答：每天做的事很多一部分是为未来的增长，面对的困难以及纯利到哪里，公司已经尽量做好。一直为股东着想的。我们负债比较小心的，发展中一定要求稳健，所以这么多年来，从 1972 年这么多风波，长江、长和集团都安然度过。

高层不会有变动。他们都是独挡一面，没有一个人对我说想走。

问：接棒后公司的发展方向是什么？

李泽钜：我明天回去工作也没有分别，在这里 30 多年，而且昨天团队这么谈，我和主席也是这么谈。物业永远是我们的主业，但规模可以灵活调整，也有其他行业的选择，未必是基建。

对年轻人忠告

问：现在的香港年轻人怎么可以延续你的故事？

答：年轻人怎么增强自己的竞争能力，这么多年讲的"知识改变命运"，一定要求知，一定要增强自己。另外对一些新的科技、技术怎么改进，有很多机会，今天依然有的。

问：很多香港人，包括年青一代住在"劏房"怎么看？

答：现在教育、医疗固然重要，但居屋的问题，现在"水浸到眼眉"这么紧张，所以居屋、公屋都要建多一点。

地产看法

问：内地和香港楼市看法？香港楼价见顶了吗？

答：香港地产有自己的竞争力，内地地产公司负债率远远高过香港的地产公司。在全球经济波动的时候，香港是有风险的。未来不担心内地开发商对香港发展商构成竞争。

普通市民需要的楼宇供应挺严重的。香港的楼宇什么可以快一点做，就先做。

过去这两年，楼市价格差不多高了一倍的价钱，楼价和一般的市民收入是脱节的。尤其是我们现在需要多一点公屋、居屋。

楼市投资建议

问：香港楼市投资建议？

答：假如一个人已经有足够的钱去买了楼盘，买了自住决定没有问题，即使将来楼价跌下来，自己住有什么关系。买了自住没有问题，你只要选择分期付款能够负担得了。当然，可能未来会加息，但不会加得太离谱，加 2%~30% 已经不得了。

回应撤资

问：最近几年一直有声音说从内地撤资，长和现在最大的投资在欧洲，这点怎么看？

答：撤资是一个不能够自圆其说的讲法，我卖了什么，钱是回到香港，再去投资，这些钱永远永远是属于公司的。难道卖点什么就是撤资？有同行把很多资产全都卖了，却没有人说他们撤资。有些资产我们卖掉，也有些我们买回来，比如我们这两年在香港有新建超过1000个房间的酒店，还有荃湾的商场，都是买来收租的。有些人就是专门打击知名度高的人，说我撤资，其实除非我卖出股票，那才是撤资。

到现在为止，香港人有时要求得太多，多数都要大家融合。在外国的投资我就要权衡哪里的投资回报会高。

对港府特首态度

问：对现任特首林郑月娥是否有信心？

答：林太做得很好，已经全心全力为香港做事，她所做的事，很多批评是容易，但做才知道困难。

是否会出自传

答：有试过出自传，很早录音，但我觉悟自己不应该出。第一，说真话时，会得罪很多朋友的；第二，说假话的话为什么要出。所以我现在选择一条路，我开心，我有机会，让我今天也有健康，我可以继续做基金会，基金会的收入有制度的，无论今天也好，将来李泽钜和李泽楷先生都有，他们都分了工，也会有制度，不能花超过多少，也不能花少于多少。

"财富得之费尽辛苦，
守则日夜担忧，
失则肝肠欲断"

——英国著名军事家 托·富勒

居安思危，
思则有备，
有备无患。

——左丘明《左传》

凡事预则立，
不预则废。

——子思《中庸》

财富管理四阶段

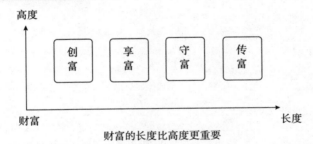

财富的长度比高度更重要

如果没有恰当的财富管理

俗话说，发财不难，保财最难。我住在上海五十余年，看见发财的人很多。发财以后，有不到五年、十年就败的，有四五十年败完的。我记得与先父往来的多数有钱人，有的做官，有的从商，都是显赫一时的，现在已经多数凋零家世没落了。有的因为子孙嫖赌不务正业，而挥霍一空。有的是连子孙都无影无踪了。

大约算来，五十年前的有钱人，现在家务没有全败的，子孙能读书、务正业、上进的，百家之中，实在是难得一两家了。

他们的问题出在哪？

当事人	职务身份	财富问题	核心风险
冯鑫	暴风影音董事长	市值一度超过 400 亿元的暴风集团，2019 年 7 月 28 日晚间发布公告，公司实际控制人冯鑫因涉嫌犯罪被公安机关采取强制措施	经营风险
孙珩超	宝塔石化主席	2018 年 11 月 19 日，宝塔集团官网发布公告，原宁夏首富，身家一度超 60 亿元的宝塔石化主席孙珩超、孙培华（孙珩超之子）二人皆因涉嫌刑事犯罪被公安机关采取强制措施	法律风险
李明	小马奔腾董事长	2011 年 3 月，小马奔腾估值一度高达 30 亿元，2014 年小马奔腾创始人兼董事长李明因心肌梗死医治无效去世，年仅 47 岁的李明万万没想到，自此一场豪门恩怨、家族纷争大战正式上演	人身风险
周亚辉	昆仑万维董事长	2016 年 9 月，周亚辉与妻子李琼的离婚，资产分割 75 亿元，被称为国内最贵离婚案，也是 A 股市场上最贵的一次离婚	婚姻风险
伊明善	力帆集团董事长	2019 年第 3 季度财报显示，力帆股份正陷入流动性危机，公司亏损 26.33 亿元，总负债 178.63 亿元，其中 90 亿元要在 1 年内偿还	债务风险
范冰冰	演员明星	2018 年 6 月，范冰冰因"阴阳合同"涉税问题被责令缴纳税款、滞纳金和罚金 8 亿余元	税务风险
许麟庐	著名国画大师	许麟庐生前通过书面遗嘱将其所有财产留给妻子王龄文，财产估值 21 亿元，但许麟庐与王龄文的部分子女不承认遗嘱真实性，要求法定继承许麟庐所有遗产，双方争执不下	继承风险

当前富人的担忧

赚到的钱未必是自己的
是自己的未必留给想给的人

各财富目标提及数占提及总数比

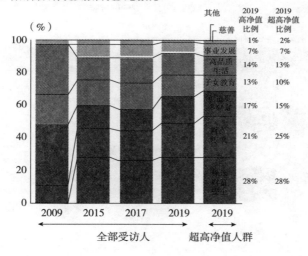

企业经营风险

企业生存的秘诀不但在于冒险，更在于避险。
企业发展的秘诀就是要在冬天谈春天的温暖，
春天谈冬天的寒冷。

——《华为的冬天》

图片来源：各公司网站。

经济景气时，企业是赚钱的工具，经济不景气时，企业是烧钱的工具。

家企资产隔离

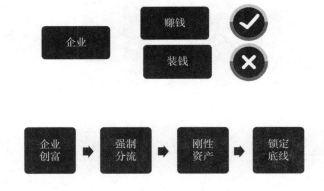

把企业赚到的钱，每年按一定比例强制分流，以持续锁定创富成果，为家庭储备"刚性备胎资产"（高度安全、易于流动、稳定收益），确保最危险的时候它还在，最难的时候给你现金流，以此锁定家庭幸福的底线，甚至留出绝地逢生、东山再起的资本

保险的家企资产隔离模型

企资产不等于家庭资产，家庭资产未必是安全资产

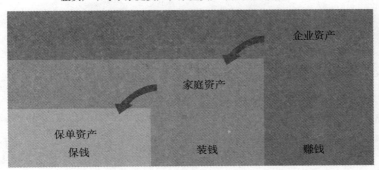

企业资产

家庭资产

保单资产
保钱

装钱

赚钱

《中华人民共和国保险法》

第八十九条：经营有人寿保险业务的保险公司，除因分立、合并或者被依法撤销外，不得解散。

第九十七条：保险公司应当按照其注册资本总额的百分之二十提取保证金，存入国务院保险监督管理机构指定的银行，除公司清算时用于清偿债务外，不得动用。

第九十八条：保险公司应当根据保障被保险人利益、保证偿付能力的原则，提取各项责任准备金。

第九十九条：保险公司应当依法提取公积金。

第一百条：保险公司应当缴纳保险保障基金。

没有预见，没有预防，就会冻死。
那时，谁有棉衣，谁就活下来了。
——任正非

婚姻风险

我最凶狠的一战是和我的第一任太太。

——美国拳击冠军穆罕穆德·阿里

2010~2017 年国内婚姻登记情况变化趋势

年份	结婚率（%）	离婚率（%）
2010	9.3	2.0
2011	9.7	2.1
2012	9.8	2.3
2013	9.9	2.6
2014	9.6	2.7
2015	9.0	2.8
2016	8.3	3.0
2017	7.7	3.2

2010~2017年全国婚姻登记情况变化趋势

注：结婚率/离婚率增长率=2017年值/2010年值−1。

资料来源：民政部《2017年社会服务发展统计公报》。

国内天价离婚案

1. 龙湖地产吴亚军VS蔡奎

200亿元

2. 海鑫钢铁李兆会VS车晓

33亿元

3. 三一重工袁金华VS王海燕

22亿元

4. 真功夫蔡达标VS潘敏峰

4.7亿元

5. 电科院胡醇VS王萍

3.4亿元

6. 拉卡拉孙陶然VS胡凌华

1.7亿元

7. TCL李东生VS洪燕芬

1.2亿元

8. 土豆网王微VS杨蕾

700万美元

《中华人民共和国婚姻法》对夫妻财产的界定

第十七条

夫妻在婚姻关系存续期间所得的下列财产，归夫妻共同所有：

（一）工资、奖金；

（二）生产、经营的收益；

（三）知识产权的收益；

（四）继承或赠与所得的财产；

（五）其他应当归共同所有的财产。

第十八条

有下列情形之一的，为夫妻一方的财产：

（一）一方的婚前财产；

（二）一方因身体受到伤害获得的医疗费、残疾人生活补助费等费用；

（三）遗嘱或合同中确定只归夫或妻一方的财产；

（四）一方专用的生活用品；

（五）其他应当归一方的财产。

保险的婚姻隔离模型

	投保人	被保人	受益人
婚前	子女	子女	父母
	父母	子女	父母

婚前为子女投保并交清保费，明确个人财产，界定清晰，不易混同。此时保险不是现金胜似现金。

	投保人	被保人	受益人
婚后	父母	子女	父母
	父母	父母	子女

婚后为子女投保，子女做被保险人，以保险合同形式确定生存金领取为个人财产，既防混同，又防挥霍，还可以指定子女为保单受益人，定向传承，锁定个人财产（设定父母为受益人可同时避免家族财富外流）

债务风险

任何债务逃避的行为都是徒劳的，唯一的正道是未雨绸缪

"卖艺还债"罗永浩

"自2018年下半年出现经营危机以来，锤子科技最多时欠了银行、合作伙伴和供应商约6亿元的债务，其中罗永浩签署了无限责任担保金额1亿多元"
我会继续努力，在未来一段时间把债务全部还完。公司因不可抗力被彻底关掉，我个人也会以卖艺之类的方式把债务全部还完

"下周回国"贾跃亭

2019年10月14日，"贾跃亭债务处理小组"宣布贾跃亭已经主动申请个人破产重组
债务小组表示，截至目前贾跃亭已替公司偿还债务超30亿美元，待偿还债务总额约为36亿美元
减去已冻结待处置国内资产以及可转股的担保债务，债务净额约为20亿美元

债务风险隔离的三大难点

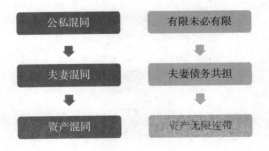

公私混同	有限未必有限
夫妻混同	夫妻债务共担
资产混同	资产无限连带

企业主的"公&私"混同
出资阶段的法律风险
股权结构风险
家企不分（或称公私不分）风险
企业主为企业融资提供担保的法律风险
民间借贷融通资金风险
企业引入风投，企业主签署对赌协议的风险
婚前个人创业，婚后增值归双方的法律风险

《中华人民共和国公司法》第二十条　股东禁止行为
公司股东滥用公司法人独立地位和股东有限责任，逃避债务，
损害公司债权人利益的，应当对公司债务承担连带责任。

保险的债务保护三阶模型

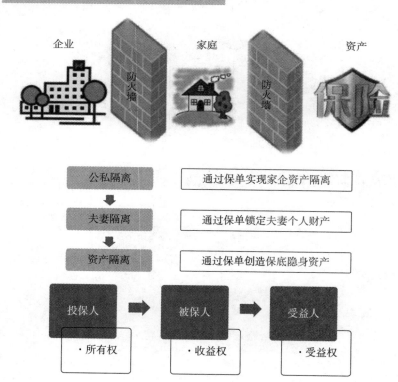

160

第七十三条 债权人的代位权
因债务人怠于行使其到期债权，对债权人造成损害的，
债权人可以向人民法院请求以自己的名义代位行使
债务人的债权，但该债权专属于债务人自身的除外。

第十八条 有下列情形之一的，为夫妻一方的财产：
（一）一方的婚前财产；（婚前投保）
（三）遗嘱或合同中确定只归夫或妻一方的财产；
（婚后投保指定受益人）

第十七条 投保人解除保险合同，当事人以其解除合同
未经被保险人或者受益人同意为由主张解除行为无效的，
人民法院不予支持，但被保险人或者受益人，已向投保人
支付相当于保险单现金价值的款项并通知保险人的除外。

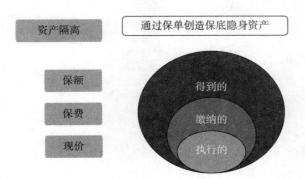

税务风险

"只有死亡和纳税是不可避免的。"

——本杰明·富兰克林

一切偷税、漏税的行为，都是违反宪法和法律的行为。

全球贫富差距严重

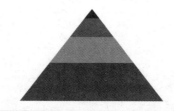

全球财富总额已达255万亿美元。自2015年以来，世界最富有的1%人口所拥有的财富量已经超过了全球其余（99%）所有人口的财富总和

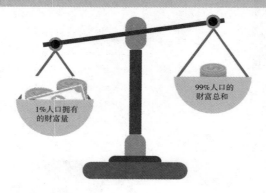

1%人口拥有的财富量

99%人口的财富总和

中国居民收入差距

基尼系数（Gini coefficient）

基尼系数是指国际上通用的、用以衡量一个国家或地区居民收入差距的常用指标

0 < Gini < 0.2	收入高度平均
0.2 < Gini < 0.29	收入比较平均
0.3 < Gini < 0.39	收入相对合理
0.4 < Gini < 0.59	收入差距较大
0.6 < Gini	收入差距悬殊

2003~2018年中国基尼系数

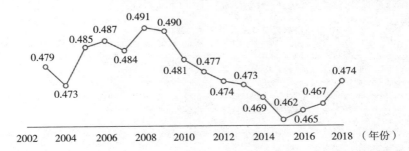

十八届三中全会，开启"公平"改革

十八届三中全会审核并通过了《中共中央关于全面深化改革若干重大问题的决定》

"保护合法收入，调节过高收入，清理规范隐性收入，取缔非法收入，增加低收入者收入，扩大中等收入者比重，努力缩小城乡、区域、行业收入分配差距，逐步形成橄榄型分配格局"

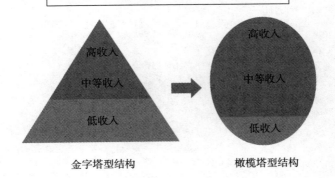

金字塔型结构　　　　　　橄榄塔型结构

"双高" 人群重点关注的两个税种

《2018中国城市家庭财富健康报告》，针对全国23个城市的
上万个家庭进行调研分析发现，在家庭资产配置中，房产占比77%，
金融资产占11%，股票占比不到2%。

据国际家族企业协会统计数据，目前中国有大概5000万个
家族企业，其中约有3200个家族企业的主人年龄已经超
过50岁了，面临着财产传承和接班人的问题

中国房产税政策动向

2018年6月19日
不动产登记全国联网

2014年5月8日
不动产登记局正式挂牌成立

2012年8月12日
30余省市地税部门为开征存量房房产税做准备

2011年1月28日
上海试点开征房产税

2011年1月28日
重庆试点开征房产税。首笔个人住房房产税在当地申报入库，其税款为
6154.83元

2010年7月22日
在财政部举行的地方税改革研讨会上，相关人士表示，房产税试点将于
2012年开始推行

2010年5月31日
国务院批转国家发改委《关于2010年深化经济体制改革重点工作意见的通知》
明确提出 "逐步推进房产税改革"，再度引发业内猜测

2010年4月17日
"国十条" 公布后，房产税成为 "两会" 后的新热点

1986年9月15日
国务院正式发布了《中华人民共和国房产税暂行条例》，从1986年10月1日开始
实施

中国遗产税政策动向

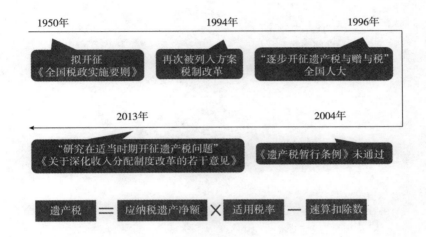

应纳税遗产净额（元）	税率（%）	速算扣除数（元）
不超过 80 万的部分	0	0
超过 80 万至 200 万的部分	20	50000
超过 200 万至 500 万的部分	30	250000
超过 500 万至 1000 万的部分	40	750000
超过 1000 万的部分	50	1750000

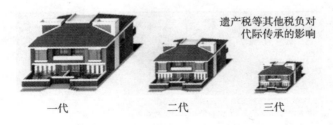

遗产税等其他税负对代际传承的影响

一代　　　二代　　　三代

保险的税务筹划模型

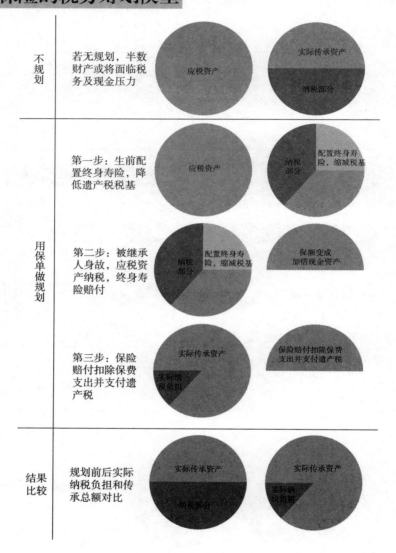

不规划	若无规划,半数财产或将面临税务及现金压力	应税资产 / 实际传承资产 / 纳税部分
用保单做规划	第一步:生前配置终身寿险,降低遗产税税基	应税资产 / 纳税部分 / 配置终身寿险,缩减税基
	第二步:被继承人身故,应税资产纳税,终身寿险赔付	纳税部分 / 配置终身寿险,缩减税基 / 保额变成加倍现金资产
	第三步:保险赔付扣除保费支出并支付遗产税	实际传承资产 / 实际纳税负担 / 保险赔付扣除保费支出并支付遗产税
结果比较	规划前后实际纳税负担和传承总额对比	实际传承资产 / 纳税部分 / 实际传承资产 / 实际纳税负担

保险节税的相关政策

人寿保险理赔金免征个人所得税。

根据《中华人民共和国个人所得税法》第四条，下列各项个人所得，免征个人所得税：

（一）省级人民政府、国务院部委和中国人民解放军军以上单位，以及外国组织、国际组织颁发的科学、教育、技术、文化、卫生、体育、环境保护等方面的奖金；（二）国债和国家发行的金融债券利息；（三）按照国家统一规定发给的补贴、津贴；（四）福利费、抚恤金、救济金；（五）保险赔款；救济金。

指定受益人人寿保险赔款不计入遗产。

根据《中华人民共和国保险法》第四十二条，被保险人死亡后，有下列情形之一的，保险金作为被保险人的遗产。（一）没有指定受益人，或者受益人指定不明无法确定的；（二）受益人先于被保险人死亡，没有其他受益人的；（三）受益人依法丧失受益权或者放弃受益权，没有其他受益人的。受益人与被保险人在同一事件中死亡，且不能确定死亡先后顺序的，推定受益人死亡在先。

税优健康险：根据三部委通知，对个人购买符合规定的商业健康保险产品的支出，允许在当年（月）计算应纳税所得额时予以税前扣除，扣除限额为2400元/年（200元/月）。单位统一为员工购买符合规定的商业健康保险产品的支出，应分别计入员工个人工资薪金，视同个人购买，按上述限额予以扣除。

税延养老险：2018年6月6日下午，6家保险机构的税延养老保险产品首批获得中国银保监会批准销售。这6家保险机构分别为：太平洋人寿、中国人寿、平安养老、新华人寿、太平养老、泰康养老。2018年6月7日，个人税收递延型养老保险（下称税延养老保险）产品，将于正式在上海市、福建省（含厦门）、苏州工业园区三个试点区域开售。

创富不易，传富更难；所有叱咤风云的前辈，都将面临人生最后一战，这一战胜利，人生才是圆满，这一战失败，则前功尽弃，这一战就是财富传承。

中国的财富传承时代来临

伴随我国个人和家庭财富的快速增长，人口老龄化浪潮的来临，中国开始进入财富传承时代。

将近50%的富裕家庭已经在财富传承方面有所行动。

《2019 中国私人财富报告》高净值人群的财富传承准备情况

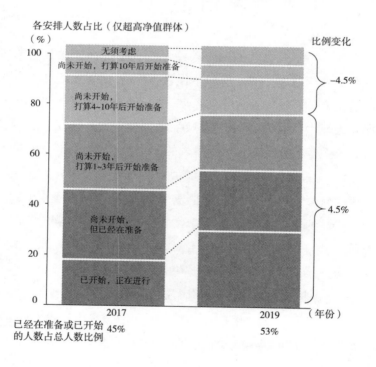

继承与传承一样吗？

继承：法定继承人平均分配

第十条 继承人范围及继承顺序
遗产按照下列顺序继承：第一顺序：配偶、子女、父母。第二顺序：兄弟姐妹、祖父母、外祖父母。继承开始后，由第一顺序继承人继承，第二顺序继承人不继承。没有第一顺序继承人继承的，由第二顺序继承人继承

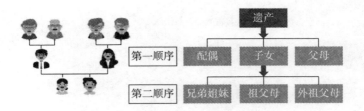

传承：把钱留给想给的人

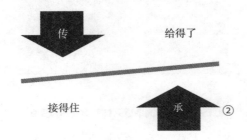

传承规划与保险

传承规划八步法		保险
传（给得了）	1. 留给谁？	受益人
	2. 给什么？	现金
	3. 给多少？	受益比例
	4. 怎么给？	以保险合同形式
	5. 何时给？	身故 / 满期 / 自定
承（接得住）	6. 接的时间？	几乎为零
	7. 接的成本？	几乎为零
	8. 接的条件？	关系证明

保险是富裕家庭首选的传承工具

《2019 中国私人财富报告》的调研数据显示：接近 40% 的富裕家庭选择为子女购买保险用以实现财富传承安排，较 2015 年提升 6%

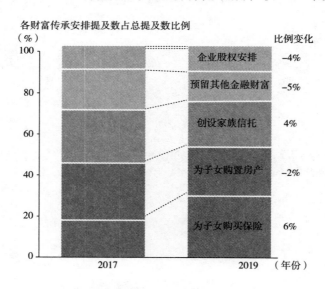

2015~2019 年高净值人群财富安排及变化

资料来源：招商银行—贝恩公司高净值人群调研分析。

保险传承的十大优势

1. 可掌控的"遗产"：可自由决定受益人、受益顺位、受益份额，且无须受益人知晓。

2. 指定传承：明确受益人，避免财产法定继承或遗嘱继承有可能带来的纷争。

3. 受益人变更：手续简单，快捷方便。

4. 放大的资产：保额一般高于保费。

5. 投保手续相对简便，无设立费用。

6. 实时现金。

7. 获得理赔手续相对遗产继承而言简便快捷，人寿保险的赔款无须遗产验证。

8. 预留税金，或有可能节税。

9. 保险死亡赔偿金不用于抵债，但需视规划情况而定。

10. 保单可质押，保单收益可支配。

保险传承的难点

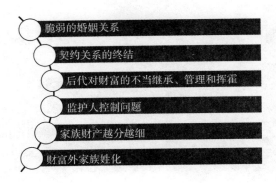

脆弱的婚姻关系

契约关系的终结

后代对财富的不当继承、管理和挥霍

监护人控制问题

家族财产越分越细

财富外家族姓化

保险金信托的优势

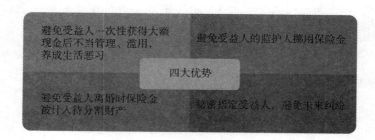

避免受益人一次性获得大额现金后不当管理、滥用，养成生活恶习

避免受益人的监护人挪用保险金

四大优势

避免受益人离婚时保险金被计入待分割财产

秘密指定受益人，避免未来纠纷

财富传承综合解决方案

功能	遗嘱	保险	保险金信托
资产保值	无	投资收益	投资收益
资产隔离	无	较强	很强
节税作用	无	较强	较强
多代传承	一代结束	一代结束	多代传承
私密性	较低	较高	较高
制度安排和事务管理能力	很弱	弱	很强

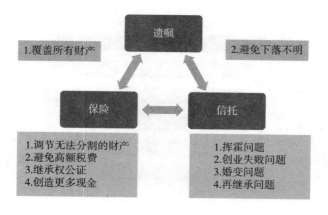

遗嘱

1.覆盖所有财产

2.避免下落不明

保险

信托

1.调节无法分割的财产
2.避免高额税费
3.继承权公证
4.创造更多现金

1.挥霍问题
2.创业失败问题
3.婚变问题
4.再继承问题

传承有道，延续家族梦想

积善之家，必有余庆

财富传承，路远且长

需要工具，需要智慧